PAGE ONE · 出品

PAGE ONE | MOOK

快乐即正义

造梦九局　主编

文匯出版社

目录 CONTENTS

1999
Bruce Lee 李小龙系列
艺术家：Eric So 苏勋

材质：PVC（身体）＋布、金属等（服饰）

1999 年，Eric So 改造 12 寸可动人偶，创作出李小龙系列人偶。在他看来，李小龙永不言弃的形象是香港精神的象征，他让李小龙穿上极具潮流感的各色时装，举办"李小龙 1/6 时装展"，以玩具的形式使李小龙精神触达当时迷惘、空虚的年轻群体。李小龙系列在当时引起巨大反响，并与 Gardener 系列一起引领了设计师玩具风潮。

1999
Companion 同伴
艺术家：KAWS

材质：PVC

街头涂鸦艺术家 KAWS 联合日本潮牌 Bounty Hunter 合作推出了第一款 Companion，形象融合了迪士尼的米老鼠和 KAWS 经典涂鸦 Bendy 的特点。作品蕴藏着涂鸦艺术的反叛精神，是 KAWS 解构经典形象的代表作。此后，基于经典形象的再创作，成为很多艺术家惯用的创作方法。

─ ➤ 2000

玩具图鉴
TOYS MAP

1998
Maxx
艺术家：Michael Lau 刘建文

系列：Gardener 花园人

材质：PVC（身体）＋布、金属等（服饰）

20 世纪 90 年代末，街头文化在香港迅猛发展，滑板、涂鸦、帽衫、球鞋等街头元素在年轻人中大肆流行。Michael Lau 以自己身边热爱街头文化的朋友为原型，创作出了一群身穿潮服的 12 寸可动人偶*，命名为 Gardener。1998 年，Michael Lau 携 10 个初代 Gardener 参加了第二届玩具嘉年华。次年，他将这一系列扩充到 99 个，并举办展览，在香港玩具界与艺术圈掀起巨浪，随后传播到美国与日本，开创了设计师玩具**的黄金时代。Maxx 是 Gardener 系列 001 号，是 Michael 本人的写照。

---

* 可动人偶（Action Figure）：以美国玩具公司孩之宝（Hasbro）的"特种部队"（G.I.Joe）为代表的一种经典玩具类型。可动关节使其能摆出各种姿势，这类玩具往往拥有丰富且逼真的衣物与配饰。起初，可动人偶表现的题材以军事为主，因此又被称为"兵人"，而 Michael Lau 的街头风 Gardener 系列开拓了可动人偶的新世界。

** 设计师玩具（Designer Toy）：自 Gardener 面世以来，更多设计师开始运用玩具这一载体，完成极具个人色彩的艺术表达，这类玩具题材多样，风格各异，受年人的喜爱，被称为"设计师玩具"，也称"艺术玩具"（Art Toy）。与传统手办不同，设计师玩具大多没有故事背景，依靠艺术设计、视觉美感来传递设计理

2001
BE@RBRICK 积木熊
艺术家：赤司龙彦

材质：PVC

积木熊的前身是积木人造型的玩具 Kubrick，它的形象集合了各种流行元素，包括影视人物、动漫角色、歌手等。2001 年，Kubrick 被改装上一颗统一的熊头，备受潮流圈追捧的经典玩具积木熊就此诞生。积木熊造型简约，整个身体仿佛一块立体画布，任由艺术家进行创作，因此又被称为"平台玩具"。

2003
Superflat Museum
超扁平博物馆系列
艺术家：村上隆

材质：PVC

2003 年，村上隆联合日本玩具模型制造公司"海洋堂"（KAIYODO）推出了"超扁平博物馆"系列食玩。食玩即食品附赠的玩具，早期作为一种促销手段而诞生，但食玩很快打破了大众与纯艺术之间的界限，如今玩具反而占据了主导地位，食品则成了陪衬。

> 2002

2001
Brothersworker
铁人兄弟系列
艺术家：Winson Ma 马志雄、William Tsang 曾志威、Kenny Wong 王信明

材质：PVC（身体）＋布、金属（服饰）

2001 年，在香港设计师玩具盛行街头风的大环境下，玩具创意设计团队"铁人兄弟"以"平民英雄"为主题，将建筑工人形象与非洲土著图腾相融合，推出了"铁人兄弟"系列玩具，开创了全新的粗犷硬汉风格。这一系列由香港玩具公司 Hot Toys 生产，使用较柔软的 PVC 材质遮盖可动关节，以更好地呈现人物的肌肉。

2003
Smorkin Labbit 抽烟兔
艺术家：Frank Kozik 弗兰克·科济茨

材质：PVC

千禧年初，设计师玩具风潮传到美国，曾为知名乐队设计唱片封面、演出海报的艺术家弗兰克·科济茨创作出一只叼着烟、胡子拉碴的兔子。2003 年美国玩具公司"凯罗伯大头机器人"（Kidrobot）首次将其立体化，原名为 Smoking Rabbit，日本生产商误称其为 Smorkin Labbit，就此沿用。抽烟兔将摇滚文化元素融入玩具，是这一时期北美设计师玩具的代表作。

2004
5 Years Later
Companion
同伴
艺术家：KAWS
材质：PVC

Companion 诞生五年后，KAWS 推出新作，象征 Companion 已经长大。玩具的四肢变粗，很大程度上脱离了米老鼠的造型，为此后的 Companion 奠定了基础样貌。

2006
Dissected Companion
同伴
艺术家：KAWS
材质：PVC

2006 年，KAWS 推出 Dissected Companion。这一半剖版同时呈现了简洁的外表与复杂的内在，左侧的 X 眼与右侧的明亮眼睛更是形成强烈对比。此为 Companion 系列中的经典作品。

2005

2004
Mc Supersized 麦胖
艺术家：Ron English 罗恩·英格利
材质：PVC

麦胖是恶搞流行文化的经典玩具作品，波普艺术家罗恩·英格利通过让体型修长的麦当劳叔叔发福，成为麦胖，调侃以麦当劳为代表的快餐文化。

2006
Molly
艺术家：Kenny Wong 王信明
材质：PVC

2006 年的一场慈善活动中，一个金发碧眼、专注画画的小女孩给 Kenny Wong 留下了深刻的印象。他据此创作出了小画家 Molly。当时设计师玩具形象往往偏男性化，小女孩人偶 Molly 给设计师玩具带来了新鲜的风格与审美。

2008
Yoji Tomorrow King 明日帝
艺术家：Ashley Wood 阿什利·伍德
系列：Popbot
材质：PVC（身体）＋布（服饰）

Popbot 系列玩具源自阿什利·伍德的漫画 *Popbot*，有完整的世界观。Tomorrow King（以下简称 TK）原型来自日本历代杰出武士，是 Popbot 系列中最经典的形象。独特的人物造型与宏大的故事背景，在玩具收藏界掀起不小的浪潮。初代 TK 之一 Yoji，除腰包、佩刀以外，还配有黑金机器人头。

2010
Crazy Michael 白疯子
艺术家：Michael Lau 刘建文
系列：Gardener 花园人
材质：PVC（身体）＋布（服饰）

这个身穿精神病病号服的人偶是 Michael Lau 自己的化身，表现其在创作时灵感爆发的疯癫状态。它拥有可动眼珠，趣味十足。Crazy Michael 是 Gardener 系列第 110 号角色。

> 2010

2007
Sleepless Night (sitting) 失眠夜娃娃
艺术家：奈良美智
材质：PVC＋植绒

这个因为失眠心情不佳的小孩形象，出自奈良美智笔下，由香港玩具品牌 How2work 采用植绒工艺，历时三年制作而成，呈现出极佳的立体感。作品发售价 1000 美元，全球限量 300 个，但在收藏者的追捧下，拍卖价格一路飙升，2017 年香港苏富比拍卖会上，拍出了 812,500 港币的高价。

2012
Labubu
艺术家：Kasing Lung 龙家升
系列：The Monsters 精灵天团
材质：PVC

创作者龙家升是自由插画家及儿童绘本画家，他取材北欧神话，创作了精怪形象 The Monsters 系列。Labubu 是一只长着獠牙的兔子，有着坏坏表情的它，实际有一颗善良的心。此玩具一经推出，便收获了大量粉丝。

2016
Molly 系列

艺术家：Kenny Wong 王信明
材质：PVC

Molly 诞生 10 周年之际，在潮流文化品牌泡泡玛特（POP MART）的推动下，Molly 在中国内地风靡，"潮流玩具 *"这一概念借此走出小圈子，真正进入大众视野。这 7 款 Molly 来自不同系列，从左到右分别是一月公主（婚礼花童系列）、鸵鸟小王子（小鸟系列）、小画家（开心火车派对系列）、王子（胡桃夹子系列）、格格（宫廷瑞兽系列）、计时器（国际象棋系列）、风和日丽（艺术大亨系列）。

* 潮流玩具：这一概念承接了"设计师玩具"与"艺术玩具"，其中"潮流"主要体现在两方面：形式上，玩具作为艺术的载体，新颖且具备潮流感；内容上，玩具可以去承载各类潮流文化。近几年来通过泡泡玛特的推广，潮流玩具渐渐为大众所知。

2015

2016
Jackson Pollock Studio
BE@RBRICK
杰克逊·波洛克版积木熊

艺术家：赤司龙彦、杰克逊·波洛克
材质：PVC

2016 年，玩具公司迈迪蔻玩具（Medicom Toy）联合杰克逊·波洛克工作室推出了这款特别的积木熊，身上的图案致敬了已故抽象表现主义画家杰克逊·波洛克。波洛克创造了滴画法，是帮助美国现代绘画挣脱欧洲标准的艺术大师。

2015
Garden(Palm)er 花园（掌上）人

艺术家：Michael Lau 刘建文
系列：Gardener 花园人
材质：PVC

初代 Gardener 系列推出时，数量极少，但在玩具收藏界收获了颇高的口碑。2015 年，香港玩具品牌 How2work 联合 Michael Lau，挑选 Gardener 系列中的一组经典形象，将其尺寸缩小一半，推出了装在喷罐中的 6 寸可动 Gardener 系列。

2016
Mr. DOB

艺术家：村上隆

材质：PVC

村上隆认为"动漫就是日本的当代艺术"，Mr. DOB 正是其探求"日本精神画像"创作的形象，它综合了米老鼠、索尼克与哆啦 A 梦的元素，两只大耳朵上面分别写着字母 D 与 B，脑袋正好是一个字母 O。作品折射并反思了动漫文化，在村上隆眼中，这就是当代的日本精神。

2016

2016
King Korpse "Classic Black-And-White Movie Ver"

艺术家：James Groman 詹姆斯·格罗曼

材质：软聚氯乙烯

怪兽是软胶玩具中最常见的主题之一，King Korpse 是美国艺术家詹姆斯·格罗曼向《金刚》致敬的作品，限量发售。每一只玩具都由人工涂装，拥有细腻的色彩变化，是近年来软胶玩具里的明星。

* 软胶玩具：由软聚氯乙烯（soft vinyl）为原材料，采用"油炉""搪胶"工艺制成的玩具；常以怪兽为主题，造型抽象，色彩明亮，极具想象力。软聚氯乙烯在日语中也被称为 sofubi，所以常以 sofubi 代指软胶玩具。

2018
Cocoon 茧

艺术家：松冈道弘

材质：树脂

艺术家松冈道弘认为世界上所有东西都有存在的意义，他将哲学思考融入作品，把生锈或者废弃的小零件设计成机械动物，在作品中实现机械与生物、轻与重之间的平衡。这是 GK 模型 * 这一玩具脉络中的重要作品。

*GK 模型：英文全称为 Garage Kit，指未经涂装的模型组件，早期玩家通常在自家车库中制作模型，故而得名。GK 多以树脂为材料，可塑性强，造型比软胶玩具更为自由，细节也更为丰富。目前 GK 多以硅胶翻模复制，但由于模塑损耗较大，很难实现大规模量产。

—> 2018

2018
Backstab Smorkin Labbit
抽烟兔

艺术家：Frank Kozik 弗兰克·科济茨

材质：PVC

这款后背带刀的抽烟兔为黑白配色，是抽烟兔系列中最经典的一款。即使背上插着一把刀，它仍然一脸漠然地叼着烟。

2019
Michael Jordan 乔丹

艺术家：Eric So 苏勋

系列：NBA 篮球明星

材质：PVC（身体）+ 布、橡胶（服饰与球鞋）

设计师玩具的开创者 Eric So 在不断创作中逐渐发展出另一种卡通风格，创作出了周杰伦、陈冠希等明星的卡通人偶。这款乔丹 12 寸可动人偶获得了耐克的授权，穿着印有 logo 的模型鞋，是 Eric 的经典作品之一。

2019
Molly Crocodile & Molly Rabbit
Molly 蒸汽朋克鳄鱼装 & 兔子装
艺术家：Kenny Wong 王信明、镰田光司
材质：PVC

Kenny Wong 和日本艺术家镰田光司联名推出这对蒸汽朋克风 Molly，由中国玩具品牌末那末匠制作。这两个 Molly 都戴着风镜和圆礼帽，帽顶分别是三叶螺旋桨和小翅膀。鳄鱼 Molly 双手叉腰，兔子 Molly 双手抱胸，可爱而傲然。

> 2019

作者：王亦勉

网名"达斯佛"
玩具文化推手

2002 年开始收藏玩具，曾任潮流杂志《TOYS酷玩意》编辑、玩具平台"52TOYS"执行主编。采访过全球数百位玩具设计师、艺术家，参与策划宇田川誉仁、镰田光司、松冈道弘、植田明志等艺术家的中国个展，并推动了"懒东西""哪吒之魔童降世"等玩具的众筹项目。

2019
Rabbit who stole the moon
月球兔子
艺术家：镰田光司
材质：PVC

月球兔子是近年来蒸汽朋克风格玩具中的代表作，是镰田光司最具想象力的作品之一。他塑造了一只用机械臂抓住月球，企图将其偷走的兔子。这款作品有黑礼帽、白礼帽两版，月球球体内置光源，为静态作品赋予了强烈的动作感和故事性。

Part1　脸孔

藏家江湖

文／唐云路

欢哥：恋物十七年

"我从来不觉得我在物欲上的贪心是与生俱来的。小时候，除了喜欢看书，我只集过邮，至于玩具则只收藏过无锡的泥塑，一只会摇头的县太爷。其实，我的恋物癖与工作有密不可分的联系。"李国庆曾这样回忆自己的恋物情结。

李国庆，网名"独孤寻欢"，相熟的、不熟的，人人都喊他一声欢哥。这个名字伴他行走在媒体生涯与藏家江湖之中。

做媒体时，欢哥的绝大部分时间都花在《万家科学画报》上，这是一本潮流数码生活杂志，将物欲的根源归于工作，似乎也没什么不对，"要将我们需要报道的产品打包给亲爱的读者，当然要自己喜爱，而且是由衷地喜爱，这样才能理直气壮地用史上最无聊却最华丽的词藻，将这些产品包装起来。所以

我先把工资花在这上面，醉心其中，然后再热情洋溢地告诉大家：这是一款薄若刀锋的相机；这是一款全球潮人必备的夜店情色指南；这是一张猪听了也会减肥的音乐 CD；这是地球人都应该购买的掌上游戏机，因为它有可能是外星人设计的……这是个多么可怕的链条啊，我努力工作去挣钱，挣了钱又用到了工作上。"

消费品品牌 700bike 的创始人张向东曾这样调侃欢哥："我都怀疑他把杂志做成了个人趣味的展示，把自己感兴趣的书、碟、玩具，让记者写写、摄影师拍拍，最后写个卷首语，这期就成了。"

欢哥在三十岁的年纪，陷入潮流玩具的收藏，接着就是一发不可收拾的十七年。

>>>> 玩偶中毒

故事要从欢哥搬到广州讲起。一九九

年，应《新周刊》邀请，欢哥辞去机关工作，箱子里装几件衣服，用一万多块的存款买了台索尼笔记本电脑，从老家来到广州。

五月的广州给他第一印象是热，特别热，他待了两天就想回去。但进入了工作状态，又觉得不是不能忍，毕竟是做喜欢的事情。有时候忙起来，在办公室写稿到半夜一两点，空调一开、办公桌一躺就对付一夜。编辑部从不打卡，任你是下午两三点还是夜里一两点，只要交了稿，来去自由。

公司离中山五路不远，坐几站地铁就到，当时那里专门卖二手音响、二手器材，附近还有黑胶唱片和打口 CD 的淘货地。在中山五路，欢哥迷上了黑胶唱片，每天都去那五六家卖碟小摊报到。从各种渠道淘换回来的黑胶唱片，就放在一个个纸箱里。淘货的人来了，不用店主多招呼，自己就蹲在纸箱前，一张张翻拣。"感觉就像捡垃圾一样。"欢哥回忆说。黑胶发烧友不用约，经常能在那一带遇见，来来回回总是那些熟面孔，有媒体人，有医生，也有出租车司机。广东本地人爱挑粤语唱片，谭咏麟、张国荣、梅艳芳等；欢哥是江苏人，主要收上世纪八十年代台湾歌手的国语唱片，比如童安格、齐秦、罗大佑、赵传等等。

天天淘黑胶的日子持续了两三年，欢哥收了一千多张唱片，直到同事做了一期玩具的专题，这才触发了他新的兴趣点。那期专题有奥特曼、动漫手办，也有刚流行起来的香港设计师玩具，当时叫"搪胶公仔"。欢哥格外偏爱这一类，它设计感强，和当时大众概念里的玩具不一样，他觉得这是成年人可以"玩"的玩具。

但是欢哥花了七十多元买到的第一只搪胶公仔是盗版的赝品，"我四处去看，发现在广州根本买不到这个东西。终于在一个商场找到了，最后发现还是盗版的。"后来他找到广州一个地方一整条街都是卖玩具的，各种厂货、水货参差不齐。没买到正版公仔这件事似乎刺激了他，让他更想去了解玩具背后的行业。

从广州去香港比较方便，加上工作原因，欢哥经常出国出差，到哪里都不忘寻找当地的玩具店。靠着多看、多买，他渐渐摸着了门道。彼时博客火起来，欢哥勤奋更新的博文里，除了介绍杂志新番，还有不少带着玩具满世界拍下的照片。

借着工作，欢哥接触到不少玩具设计师。二○○八年他将十四位国际顶级设计师的访谈结集，出版了《玩偶私囊》，书中收录了潮玩史上最经典的玩具和玩具背后的故事。这本书在一定程度上具有入门指导作用，也带着些社会学、经济学与收藏学的色彩，认为玩具是艺术化的存在。多位艺术家从不同视角阐述了玩具艺术性的内涵与外延，在十多年前，这种多维度的探讨非常超前。

《玩偶私囊》很快成为玩具圈工具书般的存在，很多人因书入坑，对照书里的介绍去了解、购买玩具，还有艺术院校的老师把它当作课程教材，学生人手一册。很长一段时间里，《玩偶私囊》一直是简体中文世界中唯一一本"潮玩指南"，即便到了最近两年，欢哥很偶然地问起一位收藏颇丰的同好，是怎么开始玩玩具的，答案仍然是《玩偶私囊》。

>>>> **斗室里的玩具小宇宙**

玩潮玩是件烧钱的事，在收藏这条路上欢哥经历过艰难的日子。最初他是刷信用卡，有时一个月三五万，多的时候甚至有七八万。信用卡还不完，利息颇高，接着下个月的消费又来了。"花钱最开心，买东西最开心。遇到什么不开心的，买个惦记的玩具，浑身都舒服了，刚上道时从不担心卡债。"

后来，出手喜欢的玩具时他会多买几个，一个留下来收藏，其他几个卖出去。当年潮流玩具还十分小众，市场并不像今天这么火爆。没有流通，就很难有溢价。欢哥的这种模式很耗精力，也赚不到什么钱。

渐渐地，欢哥采访了不少业内的设计师和厂商，试图说服他们开垦内地市场。其实，拿下品牌代理是一回事，以此赚钱又是另一回事。现在大火的设计师，比如设计 Molly 的 Kenny Wong（王信明）、设计 Labubu 的龙家升（Kasing Lung）、设计妹头的马辉等，当时在内地名不见经传。欢哥代理这些设计师的作品与其说是做生意，更像是真金白银地支持他们。多年以后，哪怕很多藏品都已升值数倍，他也不舍得卖。

二〇〇六年，欢哥在广州老城区文明路的一个二楼，开了第一家玩具店 PLAYGROUND。"所有收藏最大的问题是钱，其次是空间，没钱给自己的爱好配置大房子时，就会遇到空间的问题。实际上这第一家店，根本不是要做生意，不过是想有个空间放藏品，玩玩具的朋友来了，有个地方可以看看。"

欢哥和合伙人把老房子的窗户改造成一面玻璃墙，正对着中山图书馆。欢哥做潮流玩具，拍档做潮流服装，两人合租一个店面，放在一起竟没有违和感——都是潮流。

获得了品牌代理，便打通了原先艰难的购买渠道，欢哥的初衷是传播潮流文化，但生意慢慢做成了一件重资产的事——手上压了很多没卖掉的库存，同时还在不断进货，一不小心就会被深度套牢。"当年并不是每一款产品都好卖。即使知道这个不好卖，也会进一箱货。从我们的角度来说，就是为了维持关系。"欢哥的生意经不太像生意经，他说："只有这样，这个品牌才能长期延续下去，设

OH! MY GOD!
I MISS YOU.

欢哥的店 iToyz

计师才能有空间，这是在给他们五年、十年的时间去慢慢成长。"

欢哥的第一家店，一开就是六年，直到房东收回房子自用，这六年几乎不赚钱（也很难赚钱）。后来，他在广州郊区租了一套一百二十平方米的房子当仓库，专门存放源源不断补充进来的收藏。

很快，第二家店 iToyz 开业了。店铺开在商场里，和在老城区开店的体验不一样，无论开门还是打烊，都必须配合商场的营业时间，逢年过节也得配合商场琢磨促销手段。对于欢哥这种"以店会友"的店家来说，条条框框太多，难免拘束。于是有了现在这第三家店，店名仍叫 iToyz。他说："我们真正想做的不是一家店铺，更不想做成一桩买卖，而是希望像展览一样，让喜欢这件事的人可以坐下来聊聊天，随便分享点什么。"

iToyz 位于广州天河北，是小区的底商铺面。这个城区年轻人更多，外地的潮玩发烧友常到这里打卡。事实上，从第一家店PLAYGROUND 开始，就总有远道而来的打卡玩家。"如果刚来广州，想找这个东西（潮玩），肯定要来我们这里，跑都跑不掉。"

这家店店面不大，有三十多平方米，还有一方小小的阁楼，走进去很容易失焦，不知道该看哪儿。一进门迎面而来的是半人高的"麦胖"，旁边更高的是玩具品牌

How2work 十五周年限量版 Labubu 公仔，全世界只有十五只，店内这只编号 03。玩家如果想走近些看清楚细节，视线很快又被旁边的招财猫吸引——满坑满谷的东西，陈列得不太有逻辑，却也没什么违和感。

来光顾的孩子们目光通常会停留在门口那一架子盲盒上——这是时下最流行的潮玩玩法。Molly、Dimoo、懒蛋蛋，即使小学生也能一一数出这些塑料公仔的名字。真正的发烧友则会探索得更深。小店的每个角落都有欢哥的珍藏，大部分是非卖品。这里有早已绝版的限量款、设计师签名款、定制款玩具，有的甚至连包装都没拆，原样摆在玻璃展柜里。还有一些玩具看上去平平无奇，但因为购入经历一波三折，成了欢哥不肯割舍的心头好。

满眼的玩具中穿插着欢哥从世界各地淘换回来的各式物件，像是索尼的第一台随身听，苏州旧时人家摆的金砖，颜值高到不需要考虑实用性的咖啡机，做成复古样式的新款电视机，随性插了一根竹枝的朋友烧的陶器……物品很难归类，价格更难定义，它们摆在小店里，错落中自有和谐，每件都有故事，讲起兴来，费茶也费酒。

>>>"凶猛"的潮玩

二〇一六年，泡泡玛特以真正的商业逻

辑切入潮玩行业，盲盒为许多年轻人打开了潮玩世界的大门。在资本与社交媒体的推助下，潮流玩具从小众爱好成为火爆一时的现象，更是兼具商业价值和文化价值的焦点话题。很多人羡慕欢哥入行早、资源多、藏品升值数倍，但从他开第一家店到潮玩进入大众视野的这十年间，身处其中才会体味到，光鲜表面的背后有多少不为外人道的付出。

早年间，玩具公司往往不大，许多工作室只有一两个人，夫妻店或者几个朋友合作。玩具行业的定价逻辑和普通消费品不同，经销商的利润空间并不大，但这个行业竟然坚持下来，等到了欣欣向荣的这一天。多年来，欢哥常打趣说自己是"用爱发电"。在如今的玩具大潮中，欢哥这种入行早的资深玩家似乎占尽了优势，但他却有不同的视点："现在很多玩家，不管设计师是谁，作品有没有背景故事，人云亦云，他买了我也要买，这么多人排队我也要排。我对当下潮玩行业的理解是，需要一些文化的沉淀。"

二〇一八年，欢哥离开纸媒，带着一批专业记者，重新定位原本玩票做的公众号，以更当下的媒体形式在潮流玩具领域深耕。短视频、直播火了，他试着在店里拍视频，摸索起标题、做动图的方法。在欢哥眼里，有价值的话题、可拍的素材取之不竭。许多玩家都有过苦等心仪潮玩的体验，于是和镰田光司联名的 Molly 到店时，欢哥立刻拍了一条"等了足足一年多的潮玩到底值不值"。二〇一八年北京国际潮流玩具展（Beijing Toy Show）上，这对玩偶限量预订三百对，二〇二〇年四月才陆续发货。视频中，这对大眼嘟嘴的 Molly 分别穿上了蒸汽朋克风的鳄鱼装和兔子装，它们在玩家圈子里投下了一颗炸弹，"等不到""太值了"之类的评论乍起。又比如，"每个潮人都要拥有的招财猫"这条视频中，欢哥对比了两只私藏玩具，一个是超合金版本的积木熊，一个是美国波普艺术大师罗恩·英格利（Ron English）涂装的亿万两招财猫，一个外表可爱，一个面目狰狞，共同点则是普通人很难买到。

欢哥做视频运营有道，做生意则还是秉承着多年的老习惯：随缘。他在店里时，店门总是大敞着，客人不一定能得到老板的热情招呼——起码我登门时，欢哥正猫在一屋子收藏里酣甜午睡。欢哥也从不做账，没统计过到底收藏了多少，也没算过这么多年来在玩具上砸了多少钱。"不少玩家都和我一样，不敢算，但这么多年的工资不断往里扔，百万肯定是有了。"很多朋友劝他，这么多玩具里，不算特别喜欢的也可以转手几件。他说："我自己留的嘛，没必要卖，我又不等钱用。"

每天，欢哥的大部分时间都待在小店里，

这儿是开门做生意的地方，也是他的秘密基地。老音响、旧唱片，配着最新款玩具和艺术收藏，燃一根香、泡一壶茶、播一曲苏州评弹，店主窝在一张年纪比自己都大的古董皮沙发里，随手从角落掏出一只纸盒，里面可能是若干年前的限量版 Molly。欢哥与玩具的相处之道就是"和它们待在一起"。将这一切融合在一起的，是他的爱好与心境。

他曾在《玩偶私囊》里这样形容自己与玩具的关系："洒金钱换塑料，努力在斗室里组建玩具小宇宙。终极嗜好是携玩偶出游并留影，以玩偶的眼睛来观察扁平世界的潮流基因。"

甜欣：少女心八年

"你知不知道曲家瑞？"

《康熙来了》中这个收集二手娃娃的教授，在年少的甜欣心里埋下了收藏的种子。

"当时我就想，长大以后，我也要做收集娃娃的人。它们不一定值多少钱，却代表着一段经历、一段过去。"

>>>> 遇见娃娃

高中时，收集娃娃的这颗种子终于在甜欣心里发了芽。在此之前，她小世界里的主角是四驱车，邻居哥哥玩车的样子让她觉得特别新鲜，追了动画《四驱小子》，还央求家长买了赛车回来自己拼。迷上毛绒娃娃后，她又买了不少日本的轻松熊和迪士尼玩偶，还收藏麦当劳、肯德基的儿童套餐玩具，其中有哆啦 A 梦、樱桃小丸子，等等等等。这些玩具至今还留在家里。

毕业后，甜欣离开家乡，在北京住了三四个月，为升学准备雅思考试。闲暇时，她偶尔会和朋友一起逛街，也因此闯入了一个比毛绒玩具更大、更眼花缭乱的世界。在潮牌店里，她看到暴力熊，买过 Sonny Angel 玩偶。那段时间，她爱上了这个光屁股、笑嘻嘻的天使娃娃，虽然有点贵，但小人儿可爱得让她挪不开眼，每次抽盲盒时，期待中都夹缠着些刺激。当时 Sonny Angel 还没在中国大陆开设官网，每季一推出新款，她都第一时间在日本官网下单一个包含十二只小盲盒的套餐。备考期间，甜欣的压力很大，常常通宵学习，也对未来感到迷茫。为了缓解复习的枯燥和痛苦，每天在图书馆开始学习前，她都会先拆一只盲盒，给自己制造个小惊喜，然后"一整天都很开心"。这种小小的仪式感打动了一同备考的小伙伴，也被她拉着跌入了 Sonny Angel 的坑。

Sonny Angel 新款频出的同时，许多限量版老款的价格也不断翻升，入手时不过三四十元的娃娃，有的被炒到上千元，但甜欣从没动过转手的心思。对她来说，它们是一只一只攒下来的心爱之物，无论如何也要好好保管。

二○一○年，甜欣无意间接触到因为明星收藏而走入大众视野的布莱斯娃娃(Blythe)。精巧的造型让每个娃娃仿佛都有自己的性格，她又落入了布莱斯的大坑，从国内社交网站到国外论坛、拍卖网站，遍寻它的踪迹。

布莱斯娃娃一九七二年诞生于美国，玩家都爱称它"小布"。起初，大眼睛、大头

的小布并不被市场接受，只生产了一年就停产了。直到美国时装摄影师吉娜·加兰(Gina Garan)为小布拍摄造型照、出版写真集，它才成为玩具界的宠儿。小布的商标版权原本属于美国孩之宝公司(Hasbro)，后来孩之宝又授权给了日本CWC公司。如今，小布在日本生产、发售，每隔一两个月就会推出新款，每款都有自己的故事。小布的热潮蔓延至国内，玩家越来越多，渐渐形成了圈子。相比"买"这种没有人情味的字眼儿，娃圈更倾向于用"接娃""养娃"代指买娃娃、玩娃娃。圈内暗暗藏着各种养娃的标准，

布莱斯娃娃（Blythe）

比如是否带娃出外景拍照片，是否给娃买衣服，等等。

二○一三年，甜欣买了第一只小布。不过严格来说，这不算"接娃"，因为这只小布是送给好朋友的生日礼物。当年两人一起备考、逛潮牌店，不仅同年考上了墨尔本的大学，带着 Sonny Angel 飞往澳大利亚，还都成为"娃妈"，一直保持着收藏娃娃的爱好。朋友生日后又过了几个月，甜欣才正式接回了真正属于自己的第一只小布。就这样，她们一起进入了小布的世界，乐此不疲，还曾一起顶着大太阳，背着重重的单反去海边旅行，只为给小布拍出特别的照片。甜欣回忆说："现在想想真的好重，海边又晒又热，但为了给娃拍照，什么也不管了。"

与此同时，甜欣在网络上看到妆师苒苒的改娃作品，立刻被娃娃的灵气深深吸引——苒苒修饰过的每一只娃娃，都好像被赋予了新的气质与秉性；就那么静静地看着，每只小布，都会让甜欣感觉到一种小小的、特别的美好。

许多设计师专门为小布制作服装、鞋履、配饰，有量产也有高级定制。更让"娃妈"梦寐以求的，是妆师的改娃。所谓"改娃"，就是以小布娃娃为基底，重新进行艺术创作。改娃过程中，妆师先把娃娃拆开，打磨、卸妆，再重新上妆装扮，各个环节远比给人脸化妆复杂，用到的材料也更多样，不仅有假睫毛、眼影、腮红、唇彩，也包括粉彩、消光漆、稀释液等专业材料。小布的面孔极小，妆师需要格外有耐心，才能保证在不破坏原有构造的基础上，赋予娃娃新的风格。不少妆师是插画师、艺术家出身，改造一只娃娃，从构思到完成，往往要花费数月乃至一整年。

知名妆师不愁收入，玩家想要获得"妆额"（改妆名额）必须排队，甚至要抽签。请妆师苒苒改娃就需要排队轮候。甜欣给自己定了一个目标——拥有苒苒的改娃。许个愿望在那里，接下来要做的，就是慢慢接近它。

养娃，不光是轻飘飘的"好玩"两个字，在这个过程中，甜欣获得了不少新技能。为了第一时间买到小布的服装，甜欣原本不懂日语，却摸索着学会了在雅虎日拍买东西。"最开始是花钱找代购，但说实话日拍上东西多，价格也不错，自己研究来研究去琢磨着用，比找代购省了不少钱。"此外，平素喜欢用照片记录日常的甜欣开始潜心研究摄影，思考怎么把娃娃拍得更好。因为她发现娃娃照片的质量，不仅直接决定了能否获得设计师的限量版装饰品，也会在一定程度上影响妆师接单的判断。为了娃，甜欣不再"随便拍拍"，她不仅旅行时随身带着小布，让世界各个角落的美景成为它的背景，还会准备各种道具，比如娃娃的沙发、床、鞋子、饰品等，琢磨怎样搭配背景、如何打光、怎么构图……如今，这些养娃时的小技能反哺现实，被甜欣用在了工作中："动脑、思考，这就是娃圈教我的事。"

>>> 短暂告别后重回娃圈

上学时，甜欣几乎每个月都会购入最新发售的小布，也陆续拥有了五六只改妆过的娃娃，但是她始终没能得到最想要的苒苒改的妆面。二〇一六年，毕业季来临，相伴多年的朋友带着心爱的收藏回国打拼，甜欣则选择留在澳大利亚，从事跨境贸易工作。在人生的转折点上，她不得不暂时把爱好放下，将精力放在前程上。一年后，等甜欣再回到娃圈时，突然发现圈子变了。新玩家越来越多，明星、网红带着背后的资本力量一起涌入，整个圈子一下子"膨胀"了。

在此之前，娃圈氛围相对平和，甜欣接触到的玩家大多入圈很久，将玩娃娃当作一辈子的爱好。而现在，许多玩家来去匆匆，入圈快出圈也快。"我喜欢我就拼命砸钱来玩，有一天不喜欢了就全部卖掉，走了。"甜欣的语气里夹杂着一点无奈。与此同时，在北上广深这样的大城市，"娃聚"（娃圈玩家的线下聚会）日渐流行，新入圈的娃妈喜欢用图文、视频介绍自己的心头所爱。但"开箱花四万元买的娃娃"之类的标题让甜欣感到有些不可思议，"老娃妈是不会这样写的，她们都是静静地心里觉得开心。"这种不可思议与她在澳大利亚的生活经历有一定关系，甜欣认识许多当地的娃娃爱好者，年龄大多在四五十岁以上，在他们身上，她更多感受到的是慢，是沉淀，"其实，在澳大利亚认识的'娃妈'里，小姑娘不多，有些老奶奶玩了很多年娃娃，有人家里还收藏着不少古董娃娃。"

新玩家涌入，带来的是价格飙升。"以前改娃，一万块钱一个已经很贵了，但从二〇一七年开始，陆续可以看到一些知名妆师拍卖自己的娃娃，有的能拍到十几万。"就连娃娃的衣帽配饰也等级分明——工厂批量生产的服饰和手工限量生产的，在娃娃的时尚界有着数倍的价格差。作为入坑多年的老娃妈，甜欣发现自己收藏的娃娃和衣服的价格，全都翻了好几倍。而且老玩家比新玩家有优势，更容易得到设计师的信赖，抽到想要的衣服。新玩家抽不到，只能花高价买，这进一步导致市价暴涨。甜欣自嘲说，这就是时间带来的价值。

在价格浪潮下，真正对娃娃有爱的人会认出彼此。甜欣有一位熟识的娃装设计师，一次只做五到十套衣服，很难抢。但对方每次都会留一个名额给甜欣，一是因为她拍照好看，再者就是甜欣不会做黄牛。"她跟我说，虽然这个圈子赚钱，但说到底还是图一个开

布莱斯娃娃（Blythe）

心。玩娃娃也是图一颗真心，如果像黄牛那样，买了之后就高价转手，一切就变质了。"

不过，重回娃圈后甜欣也不可避免地受到当时气氛的影响，心态上逐渐"拼"了起来。为了等到从二〇一三年起就梦寐以求的改妆娃娃，甜欣更加积极地给娃娃拍照，发在小红书、微博等社交平台上。靠着这些精心制作的照片，她收获了最早的一批粉丝，平台也把她归入人文艺术领域。她回忆说："和做网红一样，只有做到头部，别人才会找你投广告。在娃圈，只有玩得好了，你才能得到想要的娃娃。"

二〇一七年，妆师苒苒终于答应接单。而从那年年底到整个二〇一八年，甜欣每天早上一睁眼，都会打开日本拍卖网站和微博，看看有什么新的衣服发售，却几乎没给自己买过什么东西。"我觉得那个情形已经有点不正常了，完全没有精力顾及自己，生活也毫无仪式感。"

甜欣已经记不清那段日子是如何结束的。生活回到正轨，是因为她终于得到了苒苒为她改妆的娃娃——"它真的太好看了，我甚至觉得只要能看到它就可以了。"

>>>> 愿望成真，回归自我

二〇一〇年接触小布，二〇一三年希望能拥有苒苒妆师的改娃，二〇一七年妆师接单，甜欣的愿望终于在二〇一八年成真。八年光阴，从求学到立业，这只大眼睛、有着雀斑的小布娃娃一直陪伴着甜欣，既是她解压时的倾诉对象，也是异乡生活中不可或缺的一部分。提到金钱投入，入圈八年的甜欣说："确实很多钱，有时候我自己都不敢算。我曾想过，如果现在把 Sonny Angel 和小布都卖了，可能至少有个几十万。"但多年愿望实现后，甜欣仿佛从疯狂的状态中醒了过来。那之后，碰到喜欢的娃娃，她变得更加理性，价格合适就买，太贵就算了。

如今，甜欣一直保留着最早收集的那些 Sonny Angel，每次搬家都是一次大迁徙。为了防尘，多数娃娃都妥帖地装在箱子里，桌上的都是她最喜欢的。甜欣想着，将来有了自己的房子，她会为娃娃们专门做个展柜。收藏的价值或许就在于把心爱的东西留在身边，成为一种陪伴。

"圈里人说，为什么这么热爱玩娃娃，因为觉得这是一件开心的事情。就是一颗少女心的感觉。"

玩具代表着甜欣心里小孩子的那一面。不论 Sonny Angel，还是小布，这些娃娃都承载着她的回忆，让她看到了自己经历的种种。

对她而言，和娃娃相处时，没有学习压力，也不用考虑人际关系。那种感觉，就像回到了当年一天拆一个 Sonny Angel 盲盒的时刻，心里只有最纯粹的快乐。

王惊奇：盲盒中的北漂生活

>>>> 初入盲盒坑

北京朝阳大悦城地下一层的泡泡玛特店面，王惊奇路过许多次，但从未进去过。四年前，她来北京实习，公司就在商场附近，当时她对这家店的印象，是门口货架上一排排十几厘米高的塑料小人儿，她以为那不过是个卖礼品的杂货店。

直到一天下班，王惊奇被店门口的 Molly 十二生肖系列宣传海报吸引住——海报上，一个老虎造型的娃娃穿着红肚兜，头戴虎头帽，有一双湖绿色大眼睛，微微嘟着嘴。她第一次想要拥有这个不知如何定义的塑料小人儿。"我进去问这是什么东西，说想要这只小老虎。店员跟我讲了盲盒的玩法，还挺有意思的，就随便买了一个。"

第一次买盲盒的运气不太好，王惊奇没得到心心念念的小老虎，而是拆出了一只小马造型的 Molly。这好像挑起了她的"斗志"。第二天下班后，她又在货架的同一个位置选了一只盲盒，接下来陆续入手好几个，就这么中了盲盒的"毒"。用她的话来说，整个过程就是："上瘾"。

像王惊奇这样偶然接触到盲盒，结果为之投入数万乃至数十万元的玩家，不在少数。从外包装来看，盒身上印着这一系列娃娃的全部造型，包装上毫无区别，有时甚至会连拆几个都是同一款。不少人在店内驻足许久，试着用网络上的攻略判断面前这排一模一样的纸盒里，究竟哪个才装着自己想要的款式。想集齐全套，要么一直买，要么和其他人交换。

最初，王惊奇看到什么便买什么。后来，她在店里遇到了不少喜欢抽盲盒的同好，互相加了微信，也进了一些娃友群，群友们会分享自己抽隐藏款的独门秘技，比如先摇一摇，仔细比较盒子内容物的重量，说不定就能找到那个"小概率事件"。二〇一七年夏天Molly推出职业系列，让王惊奇第一次有意识地去验证盲盒的抽取技巧。系列里有一个头特别大的小丑，盒子拿在手里，很有分量，具有辨识度。王惊奇试着"摇盒"，果然挑到了想要的小丑款。

迷上盲盒后，每个周末都是王惊奇的扫货日。和朋友出门时，如果她知道附近有泡泡玛特零售店，肯定会先去逛一圈，走进店里就基本不会空手出来，"看见好看的就会出手"。一开始，是想集齐一个系列，集齐后，

又有新的系列在售。就这样，下一个之后还有下一个，下一套之外又是下一套，不知不觉之间，王惊奇就攒出了一副"家底"。

当时王惊奇一个月的工资在六七千左右，几乎没有大额开销，工作之余接一些私活，额外收入基本都贴在了盲盒上。印象最深的是，一次私活的报酬有八千元，钱到账后她直奔泡泡玛特，一口气挑了八十个盲盒，花掉四千多。那是王惊奇购买盲盒最疯狂的经历。

对盲盒玩家来说，最头疼的就是搬家。二〇一八年冬天，王惊奇搬家时专门搬了一趟娃娃，安顿好装娃娃的收纳箱后，才回头搬剩下的行李。娃娃太多，家里实在摆不下，就在工位上放一些，老板看着新奇，干脆给她定制了两个展示架。当然，大部分娃娃还是放在家里。每次拆盲盒，她都会留好盒子，以便日后把娃娃收在箱子里，不必担心落灰或者损坏。

王惊奇算过一笔账，她为盲盒花的钱，足以买下一辆中等价位的汽车，但这在玩家里也不算多。天猫数据显示，一年在盲盒上花费超过两万元的买家，有近二十万人；二手交易平台上，一年有三十万盲盒玩家进行过交易。

那时候，盲盒款式更新的速度没有现在快，王惊奇花了一年多时间，集齐了自己喜

欢的系列，"进了泡泡玛特后发现，这个我也有，那个我也有了，然后我就不太关注盲盒了——没什么购买欲了。"

集齐盲盒后，有的人转而走上改娃之路，或自己动手或请人改造。葩趣这类潮流玩具社交 App 上也单独辟出了"改娃"专区，在这里你能看到入门级玩家自己动手给玩偶做简单改造，也能发现手艺高超的设计师将盲盒里的普通款改成"独家隐藏款"。王惊奇则走上了另一条路。除了玩具，她也很关注玩具背后的人，越深入地了解设计师，就越被他们独特的设计师玩具所吸引。王惊奇将盲盒理解为入门级潮玩，而设计师们不定期限量发售的作品，则是进阶之选。

>>>> 走进设计师玩具的天地

设计师玩具并不好买，有的一款只出十几只或几十只，购买渠道也因设计师或工作室的习惯各有不同，"有的设计师会提前在粉丝群里通知，他要去哪个展会，现场怎么发售，想买就得提前准备。"最重要的是，做好排队的准备。

二〇一八年夏天，王惊奇第一次去北京潮流玩具展，除了 Molly 和 Pucky，她还发现了不少名气不大但很有特点的香港设计师作品。王惊奇偏爱造型可爱、精致，或者背后有故事的玩具，对设计师是否有名倒不那么

在意。和最初抽盲盒的心态一样，"只要这个玩具戳中了我，我就买。"

逛展最大的吸引力，在于从设计师手里，以原价购入喜欢的玩具。一些知名设计师的作品，出了展会，价格就会翻上数倍。为此，玩家不得不学着和黄牛抢货，比如在发售前早早去排队，提前二十四小时，甚至三天，这在圈内已不是稀奇事。也有设计师专门去盯二手交易平台，发现有人高价转手自己的作品，就会拉黑他。王惊奇曾忍痛加价买自己特别喜欢但购入无门的玩具，事后也会犹疑，"发售价三百多，我三千多买到手，黄牛赚走了钱，获利的也不是设计师。"

有人觉得打击黄牛是件徒劳的事。但在王惊奇眼里，不管潮玩圈热闹还是萧条，真正喜欢玩具的人，都不希望这些富有艺术张力的作品被视为溢价的载体，更不愿看到玩家的期待和金钱，无法到达创作者的双手中。

>>>> 玩具带来的新生活与归属感

如今，新的社交媒体环境给王惊奇这样的新玩家，提供了扩大影响力的机会。

二〇一九年五月起，王惊奇尝试给玩具拍视频发在抖音上，想让更多人了解潮玩，那时这类题材还不多。起初，不少人觉得五十九元买这么个小玩意儿有些浪费。但慢慢地，盲盒走入大众视野，潮玩圈渐渐热

Sonny Angel 和波利口袋（Polly Pocket）婚礼主题玩具盒

闹起来，王惊奇视频中玩具的类型也越来越丰富，看她视频的人，仿佛也获得了拿到新玩具的喜悦。到目前为止，抖音平台"拆盲盒"话题下视频累计播放量已突破十亿次，王惊奇则在半年多时间里积累了七十多万粉丝——"玩娃娃的只要刷抖音，应该都知道我吧。"

王惊奇的视频内容以开箱分享为主。她知道，大家想要的也是这样一种解封未知的刺激感，"其实，粉丝和你一样好奇接下来会拆出什么。"每天，都有人等待她更新。有一次，王惊奇托朋友在海外拍下一个上世纪九十年代流行的波利口袋（Polly Pocket）婚礼主题玩具盒。这是期待了一个多月的宝贝，拆箱后她惊喜地发现盒子上的生产日期还清晰可见：一九九四年。这个玩具盒只有手掌大小，打开后分上下两层，上层是室内主题，玩偶可以坐电梯滑到下层；下层则是草坪婚礼场景，有拱门、喷泉、马厩。将新郎和新娘摆放在拱门前，扭动天使形状的发条，便会响起《婚礼进行曲》。这条视频勾起许多"八〇后"和"九〇后"粉丝的童年回忆。

曾有人问王惊奇："你怕不怕家里没人时，这些玩具都活过来？"她想想那画面，如果玩具有了生命，倒会让这个世界更有意思。王惊奇学的是动画专业，接触盲盒前只爱看动画，喜欢《蜡笔小新》，偶尔会做些小手工；至于玩具，只买过米老鼠这类毛绒玩具，连手办都没有。她的"收集癖"主要体现在车票上。艺考时，她要去各个城市的艺术院校参加专业考试，那是她人生中最奔波的一段日子。尽管随着时间流逝车票上的热烫字迹已经褪色到几乎看不见，但当时去往沈阳、长春、大连、北京的每一张车票，她都整整齐齐地码着，保留至今。自从接触到盲盒，她不仅通过玩具释放了工作压力，还结识了很多"娃友"。现在，她在玩具圈已小有名气，与许多潮玩设计师成为朋友，也计划更深入地参与到潮玩行业中。

一只只玩具装点着王惊奇家的书架和置物架，每增添一位新成员，她都会在架子上给它安排一个合适的位置，再说句："欢迎新朋友加入。"对这位北漂青年来说，潮玩不只是爱好，也带来了越来越多的归属感。

范范：本地潮玩展的野心

范范最珍视的，是 Mokoo 小店收银台后那面白墙上的涂鸦。那是他合作过的玩具设计师留下的礼物，有些还只是草图，但他用画框把这些作品裱起来，精心展示。如果设计师来店里办活动，还会直接在墙上留下签绘。墙上一片热闹，与店里的玩具架和扭蛋机遥遥相对。

这面墙和这家小店是范范多年的心血，他希望这里能成为杭州潮玩玩家们的秘密基地。

>>> 入行玩具业

小时候，范范路过玩具店就激动得跳脚，他玩过骑钢圈、溜溜球、闪卡和极其考验动手能力的四驱车，但一直没买到正版的高达。直到上了大学，他才实现这个心愿。

二〇一三年，因为受不了在公司上班的条条框框，范范花了一年多时间了解玩具的渠道和市场，决定在淘宝上开一家玩具店，主卖高达，运营了两年网店后，他在杭州西溪开了第一家实体店铺。其实，除掉店租、人力、水电等成本，实体店利润比线上薄了不少，再加上缺少经验，这家店亏损了很长一段时间，算下来倒是网店一直支撑着实体店的经营。但没有实体店铺，就无法谈合作，更不能和品牌谈代理，"那时候出去谈品牌，人家第一反应是做淘宝的赚不了钱，也做不长久。有个店面，很多事情才聊得下去。"

正是靠这家店，范范拿下了高达、海贼王等知名 IP 玩具在杭州的独家代理。

>>> 接触潮玩

二〇一六年，范范将新店开到杭州来福士商场，二〇一七年又同人合伙在上海开了

范范的店 Mokoo

一家店。与此同时，他接触到了传统玩具之外的领域：潮流玩具。

那一年，大久保博人在上海办展，范范一眼相中一只限量涂装的 Vincent 龙，当场拍下。在他看来，那段时间也正是玩具行业快速发展的阶段，"可能高达受众最广，但谁开玩具店都会进高达，不能绕开它，但是只靠它又赚不到钱。"那时，他对传统日系玩具有些审美疲劳，接触到潮玩，仿佛进入了另一番天地。

刚入圈时，范范有些茫然，"别人跟我说这个好看，我就买；或者别人说这个没必要买，我就不买。买得多了才渐渐形成自己的判断。"盲购阶段并没有持续太久，因为经营着玩具实体店，范范接触了越来越多的潮玩设计师，跟他们交流，从二〇一七年起便开始与部分设计师合作，将他们的作品引入杭州。每年，范范大约会参加十到十五个展会，既为了收集玩具，也是要和设计师建立联系。店铺里潮玩的比例，从最初的不到百分之一，慢慢提升到百分之十、二十。"大约在二〇一七年时，我判断潮玩行业会有两种走向，要么大火两年后很快冷寂下去；要么就是像今天这样，泡泡玛特也好，朴坊、杂物社也好，通过商业运作把潮玩的边界扩大。"

和拍卖行的朋友聊天时，范范发现潮玩的价值变动更像是艺术品——价值来自流通，经由一次次转手不断升值，玩具本身也在这个过程中渐渐为人所知。至于哪个设计师能火，偶然性极大，"有的设计师第一次参展就火了，即使业内人可能也看不明白原因，这个行业还是太新了。"

后来，因为店租上涨，实体店铺越来越难做，再加上对潮玩趋势的判断，范范关掉了杭州的两家店，退出了上海店，重新调整自己的玩具事业。

>>>> Mokoo 与杭州潮玩展

范范现在的店 Mokoo 位于杭州大悦城的八层。

和以往的玩具店相比，这家店最大的不同在于，它把传统玩具和潮流玩具结合了起来，目标人群也更广了。店内，《星球大战》风暴兵一比一雕塑守护着一面橱窗，里面是阶梯陈列的大大小小的潮玩，从数量和稀有程度来说，堪比精品潮玩展。而范范最初购入的那只大久保龙和之后陆续收藏的其他心仪款式，一起摆在橱窗最醒目的位置上。除此之外，这里也会让少年漫画爱好者大呼过瘾，因为店内还售卖动漫《海贼王》官方授权手办。整排的盲盒和扭蛋机，也可以满足许多玩家的需求。

范范说 Mokoo 这个名字没有什么特别的含义，就像玩具一样，很多时候你解释不了为什么喜欢它，但就是无法忘记。不过这家店的定位很明确：潮玩玩家在杭州的秘密基地。许多设计师选择在这里办粉丝见面会，他们中有的人还会为见面会单独准备一批作品来现场发售。

范范每年固定要去北京、上海、香港、东京等地，参加各种大型玩具展和漫展，渐渐地，他也萌生出在杭州举办潮玩展的想法。除了给自己的事业带来更多可能性，他也想给杭州的本地玩家提供一个平台，能和上海、北京等一线城市的玩家一样，"在家门口就能和设计师交流，购买玩具"。范范和他的伙伴们也想借助办展，为推动杭州乃至整个江浙沪地区的潮玩发展，贡献一份力量。当时国内已经有不少成熟的潮玩展，范范要为这场展会组建优质设计师阵容并不容易。"精力只有这么多，设计师只能全身心准备一个展。策划时，我们特意避开了北京潮玩展、上海潮玩展，选了淡季，再去邀请设计师。"参展的设计师，有的是他在各个展会上认识的，有的则来自朋友的辗转联系。第一位前来支持的设计师，与范范相识多年，在潮玩圈内颇具知名度，这让接下来的邀约变得顺利起来。最终，在团队的努力下，有近四十名设计师前来参展。二〇一八年十一月，第一届杭州艺术设计玩具展（Art & Toys Hangzhou）顺利开幕。

第一届展会开了个好头。第二届玩具展发出招募通告后，不少去年因为档期或其他顾虑没参加的设计师，主动联系了主办方。参展设计师人数翻了一倍，会场的人流量也翻了近三倍，甚至有资深玩家专门从东北、广东赶来——能吸引到外地玩家，这说明展会已形成了影响力，在同类展会中拥有了一席之地。

在玩具展之外，每隔一两个月范范都会邀请设计师到 Mokoo 举办专场活动。设计师们在收银台后的白墙上留下签绘，日积月累，这面墙成了全店最珍贵的一角，价值难以衡量。

墙面一点点被涂鸦填满，杭州的潮玩圈也在范范和同行们的努力下，渐渐壮大。他希望有一天，可以实现店铺和展会的联动。"大家想到杭州的潮玩展，就想到 Mokoo，没有展会时，就到店里来看看。你喜欢的东西，总能在这里遇见。" ▲

我为什么做潮玩设计师

文／刘子珩

郭斌·ViViCat 诞生记

>>>> ViVi 初试水

最近两年，中央美术学院的动画老师郭斌上课时，察觉到越来越多的学生想成为潮流玩具设计师。学生说，这是个好职业，酷、有名、多金。郭斌也是一名潮玩设计师，从二〇一九年四月开始，始于一个完全偶然的际遇。

那年春天，郭斌在上海的一次会议上遇见了泡泡玛特的创始人王宁。王宁是个"八五后"年轻人，用九年时间摸索出一条商业路径，使潮流玩具在中国从无人问津到备受追捧。作为动画导演的郭斌，借着这次机会，和王宁互相认识了。

回到北京，郭斌带上自己的动画作品拜访王宁。当时，他正在准备一部新的动画片，投资谈好了，已经进入制作环节。故事围绕一个宠物旅馆展开，里面有很多胖乎乎、惹人喜爱的小猫小狗。王宁看着有意思，便提议："做成玩具试试？"

郭斌觉得王宁介绍的潮玩玩法十分新鲜，很值得尝试。

在中国，动画项目从筹备到赢利，要经历一个漫长的过程。动画制作人需要先想创意、画形象草稿、创作故事背景，接着去拉投资，进入制作环节，出片后再找平台播出。等片子积累一定播放量，有了观众基础后，最后将 IP 授权给文具厂、玩具厂、服装厂等，这部动画才开始盈利。

而潮玩只需要一个创意，将形象制作出来，就能有收益。

郭斌从新的动画作品中挑了一只白白的胖猫，交给泡泡玛特。这只猫叫 ViVi，浑身透着懒劲儿，总是瘫躺在某个地方。蓝色的眼睛也没什么精气神，像没睡醒一样，总是半眯着。

在动画片中 ViVi 只是个配角，但造型简洁，有点玩具范儿。郭斌心里没底，想用它试试水。没想到这只懒猫在市场上大受欢迎，每个月平均能卖五六万套，不到一年，断货好几次。

郭斌决定转型，把主要精力投入到玩具设计中。

>>> 大叔与猫

郭斌的工作室位于朝阳区东郎电影创意产业文园。园区前身是印刷厂的老厂房，两三层的红砖建筑居多。从大门径直走入，右手边一幢小楼的一层，有一整面玻璃墙展示着 ViViCat——一只只白色的胖猫，四仰八叉，以不同姿势躺着。很多行人被吸引驻足，其中多数是女孩，眼里闪动着怜爱。

郭斌的工作室没有猫，但处处是猫的痕迹：角落里有猫粮、零食，错落有致的楼梯和书架适合猫咪攀爬跳跃，和猫有关的装饰品随处可见。他说，原本工作室是有一只猫，但被员工带回了。团队成员都很年轻，说到猫就一脸疼爱，他们恳请郭斌再养一只猫。他也很乐意，却一直没找到脾气相投的。他养猫不看品种，只看性格，要乖巧的，不要凶的。

郭斌家里有个小院，每天撒上些猫粮，就会有流浪猫闻着味儿成群过来。他远远坐着，它们欢实的吃相让人心下满足。其中，有三只猫蹭食久了，便被他收编成宠物：一只狸花，一只黑白色的胖子，还有一只长黑胡子的白猫。

其实郭斌家从小就养猫，他特别爱猫，把猫当作自己的孩子。妻子也爱猫，尽管她对猫毛严重过敏，甚至视网膜都快剥落了，为了能养猫，她隔一天去医院打一针，坚持了四年，终于根治过敏。自那之后，家里的猫越来越多。

工作室长桌上有一本绘本《乃乃你在哪》。封面上一只圆乎乎的白猫很像 ViVi，而它身后那个身材魁梧、光头、一脸胡茬的中年男人，则是郭斌。郭斌说，这是他妻子的作品，他们是大学同学，妻子画的是郭斌身上发生的真实故事。

乃乃是家里那只黑胡子白猫。它仍有野性，不喜欢待在屋里，常常跑去外面。有一次，郭斌发现乃乃背上有异样，抱起来仔细检查时，见它白毛上渗出脓血，有齿痕，估计是被狗咬伤了。他赶紧把猫装进笼子，带去宠物医院。

宠物医院离家不近，有五六公里。医生处理完伤口摇摇头说："这样不行，每天都要清洗、换药，你们搞不定，得住两天院。"郭斌听了医生的话，把乃乃留在了医院。可当天后半夜，他接到宠物医院的电话，得知换药时乃乃似乎受了惊吓，从窗口窜出去，没了。

郭斌连夜赶到医院，满腔怒气地和医生吵架。但这也不能解决问题。他想了想，回家拿上了乃乃的饭盆、猫砂盆，还有很多它爱吃的零食，一起摆在医院窗户外面。

那是个夏天的晚上，他一直坐在医院外等乃乃循着味道回来，直至天光大亮，医生来上班了，他才回家。如此折腾了三天，野猫来了不少，个个吃得一脸满足，对郭斌印象极好，但乃乃一直没有出现。

没有办法，郭斌只好收拾东西，沮丧地回家。打开门，他愣了——乃乃躺在家里，背上裹着纱布，懒洋洋地喵了几声。后来郭斌常和别人说："这猫简直神了，它怎么认得路？"

《乃乃你在哪》推出后反响不错，郭斌夫妻俩商量，应该做个和宠物相关的动画片。乃乃便成了动画片中 ViVi 的原型。

>>> **找回创作自由**

从表面上看，动画导演与泡泡玛特合作，是一件水到渠成的事，就像动漫上线后顺便做个手办。但国内这么多动画导演，偏偏郭斌选择了转型，这与他的个人经历是分不开的。

郭斌一九六八年出生在北京，父母是航天部造火箭的工程师。但这对夫妻没有想到，家中两个孩子，一个喜欢画画，一个喜欢外语，都不愿学习理工。

父母平日里忙于工作，身为长子的郭斌便从小被放养。他参加少年宫夏令营，有时去郊外写生，抓虫子做标本；或者蹲在大卡车后面，和同伴们一起去内蒙古。在野外，他自己搭帐篷、生火做饭，动手能力极强。不过，小时候郭斌也没少闯祸，有一次被打是因为他给家里的白色长毛猫灌了黄酒。猫醉了，走路摇摇晃晃，出门后两天没回来。再回来时，浑身灰土，看不出本来毛色。他成绩也不行，没受过什么表扬，直到小学快毕业才戴上红领巾。

也许正因如此，初中时当郭斌凭借一个耍大刀的武将，在美术比赛中得了第一名时，他无比兴奋，原来画画也可以获得奖励和成就感。从此，他的画笔不再停下。中考后，郭斌报考了美术职高，一九八六年又考入中央美术学院雕塑系。五年专业训练结束后，碍于某些情况，他们这一届毕业都没有好的分配。郭斌成了印刷厂的画版工人，每天在车间里手工画模板，再贴上字送去印刷。工作极为枯燥。

郭斌当时的心愿是成为当世的米开朗基罗、中国的罗丹，不必被领导或商人指手画脚，

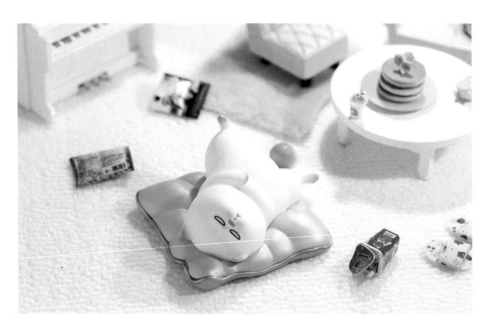

ViViCat 懒躺系列

做自己真心想做的作品，凭借才华得到赏识。可现实是，他活成了机器，按部就班，毫无创造力。熬了一年，他离开了印刷厂。

郭斌找到大学时的老师一起做雕塑。在中国，雕塑分为两个方向：公共艺术和架上雕塑。公共艺术主要指纪念碑一类的城市雕塑；后者则是参加画展、在画廊里出售的小型作品。郭斌学的是前者。上世纪九十年代，各个城市都在大力发展经济，要搞一些所谓"面子工程"，像是在火车站立尊雕塑。他干的就是这个，老师接了活儿转包给他，他负责具体的雕塑环节。

一开始，走出印刷厂成为雕塑家的郭斌兴奋不已。他不停地接活儿，从一个城市到另一个城市，整日和石头、青铜、泥巴待在一起。过了两年，他失望了，因为作品被干预得太多，不可能完全由自己创作。算了，他意识到自己做不了米开朗基罗，因为"吃饭比创作重要"。即便如此，他也没继续做雕塑。一次制陶时，他在窑里住了半年，每天大汗淋漓，因此得了甲亢。医生说："以后你再也不能干任何消耗体力的活儿，只能做室内工作。"无奈之下只能转行。

在朋友的建议下，郭斌开始学习动画设计。那时候电脑动画在国内刚起步，全国的动画公司一只手就数过来了。他帮电视台做了几年片头，觉得没什么意思，又转向做动画片，先是纯粹的角色表演，后来慢慢转为导演和制片。

二〇〇八年后，曾经的同学成了中央美术学院的院长，把郭斌请回美院。他上学时，美院只有国画、油画、版画、雕塑、壁画五个专业，现在则多了许多实用美术专业，比如室内设计、产品设计、影视特效等。他是少有的能横跨绘画、雕塑、动画领域的老师。

郭斌认为，美院学生做的动画完成度不如电影学院的。动画讲究合作，别人是集体作业，美院的则爱单打独斗。如果想要纯粹的个人创作，绘本和潮玩几乎没人干预，更适合美院学生。

他有时和学生聊起自己的毕业设计，一个叫"大刀向鬼子们的头上砍去"的雕塑。他怀念这个作品，不是因为做得好，恰恰相反，是没用心。做毕业设计时，他一门心思谈恋爱，只想混到毕业证。后来郭斌后悔了，他告诫学生："一辈子完全不受任何人的干预，只按照你个人想法去做作品的机会不多，毕业设计有可能是这辈子唯一的机会。"

给城市做雕塑，给台湾人做佛像，给电视台做片头，给亚运会做动画片……这些工作都让郭斌了解到艺术家备受限制的创作常态。很多情况下，艺术家只是乙方，总得考虑甲方的需求，然后不停修改作品，改到作品面目全非，背离初衷。

直到遇见潮流玩具，他才发现了另一种可能。

郭斌接触潮玩的时间不长，他更喜欢称之为艺术玩具，起初将其当作没有市场的艺术品。二〇一八年，郭斌被朋友带去上海国际潮流玩具展（Shanghai Toy Show），玩家为了购得喜爱的玩具，在现场排起长龙般的队伍，那景象让他备受冲击。潮玩作为创作者的个人作品，相对来说较少受到外界干预，居然也会有市场，这太吸引这位"老艺术家"了。

一年后，通过 ViViCat，郭斌重新找回了创作者的感觉。

一开始，ViVi 被想象成一只胖猫，有很多写实的细节：猫毛、瞳仁和眼白。但郭斌觉得元素太多，难以给人留下深刻印象。他想起了 Hello Kitty 式的简洁风格。于是简化后的 ViVi 就成了现在的模样：猫毛没了，眼睛极度抽象。

至于 ViVi 的性格，郭斌想到了"懒"，懒和胖很搭调。平日里，他特别羡慕家里的猫，过得舒服、慵懒。感叹自己可没这样的命。

就这样，ViVi 诞生了，白、懒、胖是它所有的特征。一眼就能让人记住。

将 ViVi 从 2D 形象转换为 3D 形象的过程中，有不少细节需要磨合。部分出于商业方面的考虑，比如设计稿中的 ViVi 原本是双手叉腰，手臂和身子之间留有一孔，但这增加了模型制作的成本，不如双手贴身垂下。另外在思维方式上也有影响。ViViCat 里有一个特别受欢迎的造型——ViVi 坐在马桶上，尾巴从两腿之间伸到身前。其实，猫摆不出这个姿势，郭斌一开始也不太能接受。但泡泡玛特告诉他，玩家不考虑这些，好看，能让人喜欢上这只胖猫最重要。他这才过了心里这道坎。

郭斌喜欢现在的工作。他认为，潮玩有一种附加的人文精神。他记得一个故事：一个六十多岁的老头，在 Molly 上花了七八万。人们都奇怪，一个老头买这种玩意儿干吗？老头说，他和女儿已经几十年不说话了，但是一看到 Molly，他就想起女儿六七岁时的样子，那是他们关系最好的一段日子。Molly 是他感情的某种寄托。

ViViCat 也能引起这样的共鸣。在一次潮玩展上，郭斌曾试着和玩家们讲讲 ViVi 的故事，但没人感兴趣。郭斌想，人们之所以喜欢 ViViCat，也许就是因为能通过这个形象获得自己情感上的某种回响吧。

他对 ViViCat 付出过情感，这是让他找回创作自由的作品。

李三本·Diemouse 的叛逆

>>>> 遇见 Sofubi

杭州城东，四所大学交界的地方，有一栋高耸的公寓。设计师李三本的工作室就在四楼的某个房间。平常他总一个人，在里面一待就是一天。

工作室大约二十平方米，一个黑色的柜子里陈列着各种玩具，其中大多是死老鼠和大头邪笑的 Bunana 娃娃，玩具被装涂得五颜六色，从几厘米到几十厘米大小不一。靠近天花板的置物架上，猩猩和其他一些怪兽张牙舞爪，俯瞰来客。

李三本三十出头，戴着眼镜，头发扎成辫子，脸上始终挂着微笑。三十岁那年，他决定转行做玩具设计师。

三十岁之前，李三本顺风顺水。他从小学习好，大学年年拿奖学金，毕业设计也是第一，毕业便进入了业内大牛的团队，两年后又高薪跳槽，到了杭州。直到开始创业，个人服装品牌赔了，前进键才变成暂停键。

三十而立，成了家，有了孩子，继续冒险创业，还是应该老老实实打工？这是当时摆在他面前的难题。他有些迷茫。就在这当口，李三本认识了一位志趣相投的朋友，两人一见如故。他们平时都爱搜集玩具，李三本有不少托德·麦克法兰（Todd McFarlane）的作品和 Hot Toys 出品的人偶。朋友说："别做服装了，改行做玩具吧，你知道 Sofubi 吗？"那是李三本第一次听说 Sofubi。

Sofubi 又叫软胶玩具，以软聚氯乙烯为材料，热熔后注入模具便可塑形。成形后，设计师根据自己的创意，随心所欲地装涂各种颜色。这种玩具是日本特摄片时代的产物，大多数是怪兽题材，带有浓烈的昭和时代色彩。

李三本听朋友聊 Sofubi，越听越兴奋。Sofubi 能让他自由地实现创作灵感，是玩具也是艺术品，但比艺术品更亲民。那段时间，他们好像有说不完的话，每天都要语音一个小时。朋友向他展示自己的收藏，满满一橱窗色彩斑斓的怪兽，特别酷。

李三本内心的某种东西被唤醒。他想起小时候那段无忧无虑的日子，父母宠爱他，哥哥姐姐疼他，自己曾经是小伙伴中拥有最多玩具的人。他家有个小院，小伙伴们来玩时，他就把成堆的玩具抱进院子，有小人、汽车、积木。大家围着树根建造太空基地，里面停满各种厉害的装备，每个人坐下就不愿离开。现在同样的感觉又回来了。

在朋友的鼓励下，李三本决定做自己的玩具。

他首先想到了人马这种传统怪兽，这是个不错的题材，市面上却鲜有产品。和朋友反复沟通商量后，他很快画出了设计样。却由于成本太高方案没有通过——因为人马的腰身胳膊要分开开模，造价不低。他们决定先从开模简单的玩具做起：一只章鱼怪，只有头和触角两部分。

草稿画完，便是雕塑环节。这时候李三本才发现，自己从未做过雕塑，甚至不知道该用什么材料去塑形。相继尝试了普通的油泥、AB补土、美国土，他才找到硬度最高、最趁手的油泥。

做玩具能谋生吗？起初李三本和朋友每人投入了三万块，钱不算多，如果卖不出去，就当给自己做了一堆玩具。没想到玩具面市后反响不错，"最开始是通过邮件抽选出售，参与抽选的人数蛮可观的。"试水成功后，李三本的玩具之旅便正式起航。他首先想到的题材是猩猩。说不上喜欢，但他对影视作品中的猩猩有特殊感情，比如《金刚》和特摄片。在充满好奇心的少年时期，猩猩强大的破坏力带给他不一样的惊险和刺激。而且猩猩题材在玩具市场上始终受欢迎，风险比较小。

按李三本的设想，这是一场怪兽之战：一只野生的母猩猩来破坏城市，于是人类制造了一只机器公猩猩与之对抗。最难呈现的

5233toys 系列

是性别，要不落俗套，还要有 R 级片的味道，带点恶趣味。雕塑过程中，李三本突然来了灵感，把母猩猩的两只乳房移到了眼睛的位置，把公猩猩的嘴变成一根粗长的炮管。

这个产品系列被命名为 5233，谐音"我爱闪闪"，闪闪是李三本的儿子。国内玩家有限，李三本选择在社交平台 Instagram 上发售。玩具首发二十个，竟然有两百人左右发邮件报名。

从二〇一七年起，开始有国内玩家通过 Instagram 预订玩具，而且数量越来越多——国内的潮玩市场开始火了。二〇一八年，李三本把玩具发售的重心转向国内。

>>>> 北京与死老鼠

上中学时，李三本就意识到自己真正感兴趣的不是绘画本身，而是绘画时的设计思维。他喜欢天马行空，也喜欢把想象付诸笔端。高考填报志愿时，他选择了实用服装设计，曾把一件衣服分割成七个模块，使用不同面料，让穿衣人可以根据自己的喜好，搭配出不同风格。

读大学时，他追求自由，行为不羁：留长发，一年四季穿皮靴；假期不回家，用奖学金去各地旅行，增长见识。

毕业后在北京的短暂经历对李三本格外重要，这让他幸运地站在了一个高起点上，

也塑造了他的审美体系。

那是二〇〇九年的夏天，李三本只身一人站在北京新街口。那里的胡同幽深曲折，青砖灰瓦，满眼是历史；而胡同尽头是车水马龙的街道，联结着现代社会——贯穿古今，正是他喜欢北京的理由。

李三本拖着箱子被一个阿姨领入了地下室，月租六百，这是他在北京的第一个落脚点。但这儿远谈不上舒适——潮湿阴冷，被褥似乎永远是湿乎乎的，湿冷入骨让人难以入睡。

李三本对工作的预期很高，很少有面试的机会。一天，一个同学激动地告诉他，自己获得了邹游工作室的面试资格。邹游是北京服装学院的教授，中国著名的服装设计师。李三本脑子一热，突然说："要不我也一起去吧。"

虽然是心血来潮，但李三本郑重地准备好两本作品册，带上自己的电脑，来到邹游位于 798 艺术区的工作室。他没看到同学，前台问他找谁，他壮着胆子说，来面试。当时，他想如果对方说没有他的名字，自己知趣地离开就好，但前台直接拿出一张表格让他登记。

填完表，刚好碰上面试的同学，两人相视的一瞬不免有些尴尬。

李三本的面试很顺利，成功获得了 offer。获得第一份工作的际遇，和三十岁转行做玩

具创业时一样，都带着些冒险的色彩。

在邹游工作室，李三本形成了更为专业的设计理念。大学时他喜欢平民品牌的代表杰克琼斯，工作后则变成了浪凡——一个有百年历史的法国时装品牌。浪凡的服装古典中糅合着时尚，和北京给他的感觉一样——在历史与怀旧里，又有新的东西与之结合。

这种理念直接影响了李三本对 Sofubi 的设计，他的代表作"死老鼠"也呈现出这种开放、多元的特质。

二〇一八年是米老鼠诞生九十周年。但迪士尼公司始终不愿让这个形象进入公版领域，想方设法延长版权年限，当时这只卡通老鼠占据了各大媒体的版面。

但在李三本看来，"现在学校的老师一教画老鼠，都画得像米奇一样，两个大圆耳朵。大众审美已经被塑造，米奇不只是一个形象。"他认为，这么多年过去，米老鼠早已成为了全人类共享的文化，而非一家公司的专有资产。

为了表达自己的态度，李三本决定设计一款 Sofubi 玩具。米奇这么大岁数，按理说已经死了，如果它从坟墓里爬出来，会是什么样子？

李三本做了一只腐烂的老鼠，左耳被啃食大半，右耳也并非完好，两只眼睛里有一只是窟窿。后来他在此基础上将设计升级，把两张老鼠的面孔合在一起，两个鼻子，三只眼睛，中间的眼睛有眼珠，左右两侧是窟窿。

这款作品叫作 Diemouse，也就是"死老鼠"。二〇一八年北京国际潮流玩具展，很多朋友劝李三本不要带死老鼠参展，他们觉得国内粉丝更喜欢可爱类的娃娃，不太能接受腐烂的老鼠这种重口味题材。虽然没抱太大希望，但李三本还是希望这只颇具讽刺意味的老鼠能亮个相。

参展那天，他起得很晚。遛进展厅，他看见排着长长的队伍，不禁心生羡慕。顺着长龙越走越近，他突然意识到大家排队等的竟是自己的展位。玩家纷纷抱怨："怎么才来，再不来我们就走了。"

死老鼠呈现出潮流玩具的特征：既有清晰的设计理念，又不是高高在上的艺术品。它让李三本在圈内迅速成名，有时提"李三本"，同行们一时反应不上来，一说"死老鼠"，大家便恍然大悟。

如今，李三本一共设计了二十五款 Sofubi 作品、四个品牌，合称"大四喜"(BIGLUCKYTOYS)。除了 Diemousekaiju 和 5233toys，还有主打–机器人形象的 Pipitoy 和主打小女孩形象的 Moodtoys。它们体现了李三本的风格偏好：暗黑、哥特、朋克，混杂着一些笨拙与呆滞。

李三本还在设计新作品。在工作室的架

死老鼠（Diemouse）

子上，放着一个没有装涂的白模，那正是他的下一个作品，灵感来源于鬼怪传说。玩具始终能让他兴奋起来，他对这个尚未诞生的作品很有信心。

定居杭州后，李三本把父母从老家接过来一块儿住。不过他一直没让父母知道自己在玩具上花了多少钱。毕竟在大多数非玩家眼里，尤其在长辈看来，一个成年人花太多时间和金钱在玩具上，多半是不务正业，玩物丧志。即便他吃这碗饭，也不例外。"我最贵的玩具，两万三万的，他们根本不知道，我也从来不敢提。"

Ayan·永远的 DIMOO WORLD

>>>> Dimoo 的奇妙旅行

Ayan 是个心思敏感的女孩，个子不高，头发总是染成各种颜色。作为一名潮玩设计师，她在两年多时间里推出了几十个系列，几乎每个月都会更新。但很少有人知道，她在用这些玩具讲述自己的故事。那些可爱俏皮的潮玩中，隐藏着女孩心底的秘密世界。只不过很多忧愁，被包装成了甜蜜的糖果。

二〇一八年，Ayan 和泡泡玛特合作，推出了 DIMOO WORLD 系列。取名灵感来自她喜欢的动画片《探险时光》，里面有个可爱的机器人 BMO，Ayan 用自己名字的首字母 D 替换 B，就成了 Dimoo。DIMOO WORLD 的故事以小男孩 Dimoo 的视角展开，他在梦境中走入了一个奇幻世界。

Dimoo 有着大大的脑袋、圆圆的眼睛，头发像云朵，可以变成各种形态。在设计 Dimoo 时，Ayan 总是梦见自己在天空飞翔，但她不想设计千篇一律的翅膀，于是她幻想，"如果我的头发是一朵云，我想去哪都能去。"因为 Ayan 喜欢动物，所以在第一个系列中 Dimoo 的头发是各种动物——飞翔的 Dimoo，看到了很多可爱的生物。

有一只没有尾巴的狐狸 Candy，在狐狸群里特别自卑，直到它遇到了一只友善的毛毛虫 Mr.Worm。毛毛虫甘愿放弃自由，作为 Candy 的尾巴支持它。虽然拥有了"尾巴"的 Candy 还是没能得到大家的认同，但它收获了一个无可替代的好朋友。Mr.Worm 每天都变着花样来逗它开心，比如给自己戴个假发、画个鬼脸。后来它们在沼泽中遇到了另一个可爱的朋友 Jelly，它可以随意变换色彩，而且喜欢一直黏着它们。

这一系列玩具圆乎乎的，充满童趣。但仔细看，Candy 撇着嘴，面露忧郁。

Ayan 喜欢狐狸，但不能当宠物养，便创造了 Candy。Candy 有先天缺陷，自卑、孤独、阴郁，如同 Ayan 自己。不停鼓励狐狸的毛毛虫，就像 Ayan 身边的朋友。在 Ayan 心情不好不爱出门时，朋友们甚至会开车去她家拉她出去。正是因为他们，Ayan 才感觉不那么孤独。

DIMOO WORLD 里，不仅有耳朵非常小、长着怪兽尾巴的英国短毛折耳猫 Snooks；还有小怪兽 Mini-Mon，它长着仙人掌似的大耳朵，长相像蛙，背上长了多肉植物。两个小家伙在珍兽幼儿园里一直备受欺凌。直到有一天，Mini-Mon 跳到 Snooks 头上，变成一只"凶狠狠"的熊，它们的胆子才大了起来，不再惧怕去幼儿园。戴上头套的玩具瞪着大圆眼睛，其实一点也不凶。

这个故事源于 Ayan 一瞬间的体悟——内向的人需要勇气，也需要伪装，戴上面具也许可以显得强大一些。

>>>> Ayan 的自我探寻

成为潮玩设计师之前，Ayan 面对自己的职业生涯曾陷入迷茫。

Ayan 出生在广东茂名，家里做小生意，父母很传统，对子女有很高的期待。但她和哥哥的成绩都不是特别优秀。

小学四年级，Ayan 受好朋友影响，喜欢上绘画。从那时起，她就一心扑在画画上，一切能下笔的地方都成了天然的画布。她也展现出了天赋，参赛总是拿奖。从国画到油画，

父母一直支持她的爱好。

大学时 Ayan 的专业是服装设计，毕业后，她应一位学姐之邀，做了服装设计助理。学姐是一家公司的设计总监，非常优秀，对工作的要求也极为严格。那时候 Ayan 不懂学姐为什么如此苛刻，直到多年后她自己开始做产品，才知道严格把控每个环节的重要性。第一份工作没有持续很长时间，一年后，Ayan 离职，又换了两家服装公司，却一直没有找到最适合自己的事。她没有建立起服装的审美体系，不过是单纯喜欢画画而已。她对自己说，要做能一直画画的行业——她想到了游戏美术设计。

Ayan 原本是排斥游戏的，大学时她曾因沉迷网游，浪费了不少时间。但渐渐了解后，她突然发现在游戏美术设计上，自己倒可以发挥长处。

二〇一〇年，Ayan 离开广东，来到上海，进入游戏行业成为美术设计中的原画师，她的主要工作是把游戏策划师提供的文字描述转化为视觉画面。断断续续在这个行业做了三年，二〇一四年，Ayan 和朋友们成立了游戏美术设计工作室。

二〇一六年，玩具进入了 Ayan 的世界。在此之前，她与玩具并没什么交集。小时候父母极少给她买玩具，她不过是看看商店橱窗里的玩偶。但怎么也想不到，潮流玩具为她带来

了新的选择。

"做游戏时，这东西不属于你，你只是乙方，一颗很小的螺丝钉。但做玩具的时候，这是真正属于你的东西，你会更自由、更放松。"她说。

这种自由创作的状态让人上瘾。Ayan把更多的业余时间投入到玩具设计上，也认识了越来越多的志同道合的朋友。当时潮玩市场尚未打开，缺少受众，大家都有本职工作，利用闲暇时间做玩具，全凭一腔热血支撑着。

后来，上海初见画廊举办潮流玩具展，邀请了很多海外的设计师，Ayan借此认识了潮流玩具品牌，如How2work、COARSE、INSTINCTOY等。许多作品让她大开眼界，这才意识到原来潮玩的颜色可以如此自由，材料和质感也格外丰富，"比如透明的、带闪粉的、带主光的、带金属漆的，你拿到阳光下，色彩斑斓，特别有意思。"

受此影响，Ayan设计了自己的首款作品——DIMOO WORLD系列里的狐狸Candy和短毛折耳猫Snooks。

也正是在这时，泡泡玛特的盲盒模式把潮玩推向了大众，潮玩市场迅速升温，玩具成了艺术与商业的巧妙结合体。Ayan的精力逐渐从游戏美术设计转向玩具设计。二〇一九年她转行成为全职潮玩设计师，一切看起来水到渠成。

如今，Ayan成立了工作室YanStudio 95，团队成员都是设计师。一伙志趣相投的朋友住在上海西郊一栋别墅里，一楼是工作区域，玻璃柜里陈列着Ayan的作品，墙板靠着一个特大号的Dimoo；二楼是伙伴们的私人空间。Ayan的生活很规律，早晨七点起床，听音乐，吃早餐，喂狗遛狗，然后开始新一天的工作。忙碌到晚上十点后，洗澡追剧，十二点便准时休息。

"Dimoo是我内心的映射，是一个表面傲娇，但内里柔软的小孩子，人多的时候他很开朗，人少的时候又变得孤僻。他需要很多朋友带他感受生活中的点点滴滴。傲娇、内向、柔软，这三个词概括Dimoo足矣。"

借由泡泡玛特的商业运作，越来越多人认识了Dimoo。大家对Dimoo的喜爱超出了预期，现在二手交易平台上不乏转手和求购Dimoo的信息。除此之外，DIMOO WORLD也让Ayan越来越多地接触到新朋友，认识了不少有趣的人。

她感到被认可，是Dimoo这个小男孩让她安心地摘下面具，投入到人群中。

"实际上，有一段时间我是有些抑郁倾向的，是Dimoo和朋友们一起把我拉出了泥潭。"

Nick·ZeroWorks 从零开始

>>>> 滑板与人偶

Nick 是上海人，皮肤白皙，戴着一副黑框眼镜。他的车里总放着个滑板，想闲暇时拿出来玩。可是，作为网站设计师，他工作繁忙，没有多少空闲时间，况且工作之余相当一部分精力都用在了设计 12 寸可动人偶上。

Nick 有自己的玩具工作室，他和一个合作伙伴分工，他负责画设计稿，朋友负责制作。在上海郊区的这间五十多平方米的小公寓里，精心摆放着许多收藏，星球大战、灌篮高手、高达，各种手办琳琅满目。

Nick 上学时看过电影《滑板狂热》，讲述了三个年轻人组建滑板队，追逐梦想的故事。正因为这部电影，他很小便对滑板有了兴趣。朋友王飞经营滑板店，两人聊起滑板十分投机。Nick 去过王飞的店，店面后是室内滑板场，场地里的台子、杆、坡错落有致，几百名滑手每天在这里练习，十分热闹。Nick 从白天一直坐到晚上，看身手矫捷的滑手带着板腾空跳起，身影在台子上呲地滑过。也有人拼命练习，甚至一下午摔坏了四块滑板。午夜时分，Nick 看到一个满头是汗的小哥，推着美团外卖电瓶车准备离场。他好奇心起，上前打招呼，对方说空闲时会来玩滑板，现在

到时间要去送外卖了。滑板不仅是街头运动，也是一种街头文化，已渗透进年轻人的生活肌理中。Nick 受此启发，和合作伙伴制作了一款滑板人偶 AC，并在当年六月二十一日"世界滑板日"这天推出。这是个一头脏辫、一脸络腮胡的男孩，寥寥几笔简洁干净地塑造出面部轮廓，他穿着黑色的教练夹克、卡其色多口袋工装裤，脚蹬 Vans 鞋。夹克上有几个汉字"東華製造"，那是 Nick 大学时创立的品牌。男孩拧着眉头撇着嘴，身旁有一块滑板，似乎是不满意刚刚的动作。

Nick 说，他制作人偶是想为年轻人表达，传播本土潮流文化。

Nick 对人偶的热爱，源于自小就有的玩具情结。他不缺玩具，一开始是追动画片，玩学校门口卖的儿童玩具，如宠物小精灵、铁胆火车侠等。从四驱车开始，他体会到了玩改装玩具的快乐——换个马达和轮子，就能变得更厉害。后来他接触到了高达这类手动组装的模型，这让他向专业玩家更进一步，越玩越小众。

Nick 没有上普通高中，而是在美术院校学习设计。上大学后，他选了从未涉猎过的服装设计，研究起衣服、鞋子等。Nick 很欣赏日本的潮流品牌，喜欢日本人对细节的把控。Bape 的丰富色彩，Fragment 的经典细节，Neighborhood 的考究做工，都深深吸引着他。

不过毕业时，赶上互联网大潮，Nick 没做服装设计师，而是成为了网站设计师。进入职场，工作需要满足设计公司的诉求，很多极具个人风格的作品一直没有机会展示。

这时 Nick 想到，把人偶与潮流结合在一起，说不定能够表达他心目中的潮流文化。

>>>> Nick 的本土潮流文化

什么是本土潮流文化？这个问题 Nick 思考了很久。潮流文化是舶来品，如何定义本土与外来？甚至说，有没有本土？起初，Nick 自己也无法回答这个问题。那就在实践中找答案吧。

二○一五年，Nick 着手设计 12 寸可动人偶。这种人偶也叫兵人，和真人比例为一比六，大约三十厘米高。兵人起源于一九六二年美国孩之宝公司的特种部队人偶（G.I.Joe），大关节可动，仿真度高，套上衣服可以惟妙惟肖地扮演各种角色。这是男孩子的芭比娃娃。

Nick 的第一个作品是冲浪人偶 Lzzo。Lzzo 设定为海边长大的孤儿，肤色苍白，留着一头短脏辫，拿着大大的冲浪板。四十个全手工的人偶，从设计到出货花了整整一年的时间。好在 Lzzo 在微博发售后，很快便被预订一空，没有辜负 Nick 的心思和精力。

不过，当时也曾有人质疑 Nick 的作品没有体现本土化，像在照搬香港潮玩。Nick 沉默，没有回应。一次偶然机会，他带着一直以来的困惑向一位香港艺术家求教，到底什么是本土，对方的回答给他吃了一颗"定心丸"——"只要你坚持一个东西，它就是你自己的。"

Nick 想，自己是上海人，在海派文化中成长，生活环境多元、开放，从小看的玩的，不少都来自国外，潜移默化中，这些东西已经根植于他的血脉中，动笔时，自然而然便涌现出来。这正是时代留在他身上的印记。他不再避讳，决定坚持自己。

Nick 为接下来的一系列人偶规划了主题，和 Lzzo 一样，还是户外运动。这和 Nick 本人形成反差——他喜欢运动，但时间与精力都不允许，于是他设计人偶，让自己在设计过程中以想象的方式接近喜欢的事情。他说："年轻人不该停留在室内，多去户外晒晒太阳才好。"除了冲浪，他接下来要呈现的主题还有潜水、公路自行车、滑板等。

就这样，Underwater 应运而生，Underwater 是 Lzzo 的弟弟，性格内向，不爱与人交流；为了躲避外界的喧嚣和种种困扰，总喜欢独自潜入水中；他肺活量惊人，能在水下待很久。因为全手工制作，产量有限，这批人偶只做了三十个。

自此之后，Nick 和合作伙伴保持着每年至少一款的更新速度，并为工作室注册了品牌 ZeroWorks，吸引了一批固定粉丝，微信群

AC

里有五百多人。因为产量不大，ZeroWorks 的
人偶供不应求，每次发售都要靠抽签。

借由玩具，Nick 觉得当初想要传达的东
西已经表现出了七八成，也尽了全力呈现出
了自己心里的本土潮流文化。

一转眼五年过去了。时间不长也不短。
五年前，玩具市场不温不火，玩家不过是小
众人群；而现在，盲盒带起潮玩风潮，让这
片市场迅速扩大。此时，Nick 却想慢一点，
停一会儿。

二〇二〇年，除了已经确定的联名款，他
打算暂停创作。他没有经济压力，做玩具也无

须顾虑艺术和商业的冲突。只是人生阅历渐渐
丰富，上一阶段的目标完成，Nick 在思考接下
来应该表达什么。

"对我们来说，赢利排在很靠后的位
置。"Nick 说，"做第一只人偶时，我们想的
是为现在的年轻人，为现在的文化做一些自
己的产出。之所以叫 Zero，是因为我们想做
成一个圆，这个圆就是我们的初心，我们的
起点。"

他需要清醒、沉淀，然后重新启程。▲

擦主席的插画作品

擦主席的爱恨乐怒：做时间轴上的大黑疙瘩

文／黄昕宇

老虎瞪着三只眼睛，嘴露利齿，穿着翻领机车夹克，脚踩圆头大皮靴，仿佛来自某部恐怖漫画或 Cult 电影。不过，它也不是彻底地阴暗，虎头的颜色从柠檬黄过渡到鹅黄，夹克则是透明的，点缀着丰富的色彩。邪典气质的造型、明亮饱满的涂装，粗放和细腻，幻想与写实，同时存在于这只叫"三眼虎"的玩具中。和三眼虎一样，玩具的创作者擦主席身上，也存在着各种奇妙的反差。

擦主席常常出现在各大玩具展会上，留着前短后长的鲻鱼头，穿花衬衫、高腰裤，外面披一件红色亮面外套，也可能是朋克皮衣或豹纹夹克。有时，他会站在自己那辆纯黑的改装摩托旁，黄头发、高个儿、大皮靴，显得特狠，但一说起话来又特别爱笑，像日剧里经常出现的那种心地善良的黑社会老大哥。

三眼虎属于 Sofubi，是擦主席创作的第一个玩具，也是代表作，他喜欢 Sofubi 的质感，结实，颜色夸张，造型突出一个"拙"字，有种又蠢又酷的古怪美感。

"我的作品就是我，"擦主席这样说，"你看到的、拿到的就是我本人。"

涉足玩具前，擦主席主要创作漫画、插画，作品融合了朋克摇滚、异色漫画、B 级片与日本暴走族等元素，多重亚文化糅合、搅拌，风格强烈、喷薄。提到那一时期的海报与插画，擦主席多年的好友 Bini 想起末匠美术馆举办的一次展览。"他们把老擦以前的海报打印出来，贴在墙上，非常震撼。"又补充道："你们去看他的创作，会发现两条线索——日本的暴走族黑帮文化与美国的 Rockabilly。" 但提及擦主席的玩具，Bini 则打趣道："他家里有各种破烂。"

不过另一位玩具圈的老友王佛则很欣赏擦主席的玩具，"中国范围内做玩具的，让我挑出三个不错的，老擦肯定是一个。他最突出的地方在于，拥有自己的美学系统，无论漫画、插画还是玩具，他所有作品都是这套体系的延伸，辨识度极高。"

恐怖漫画、Cult 电影与朋克摇滚

"擦小时候是个乖孩子，上过奥数班。"Bini 说，"过春节玩扑克，玩二十四点，算得比谁都快。"

在成为"擦主席"之前，他是一个叫张诗浩的北京青年，一九八二年生，九十年代初度过了少年时期。那是没有互联网的年代，游戏机正在崛起，球鞋热还远未到来，笨重的电视机里播放着《圣斗士星矢》和《哆啦A梦》。二手书摊上堆着薄薄的盗版漫画，来自南方工厂稀奇古怪的玩具散落在学校门口的小卖部和三轮车摊上。这些小学生间的社交货币，张诗浩并不拥有多少。他家教严格，进入顶尖学校的实验班，末位淘汰的竞争机制给他留下了深深阴影，甚至成年后还会梦见在算三角函数。小时候做的最叛逆的事，是在课桌上画画，老师一发现就勒令他擦掉；后来他在网上自封为"CBD主席"，"CBD"是"扯逼淡"的缩写，结合着那段童年往事，他的名号渐渐变成了"擦主席"。

二〇〇六年，擦主席大四，在北京广播学院学动画专业，爱在晚上看丸尾末广的恐怖漫画或乔治·A.罗梅罗的僵尸片；白天则在动画公司实习，伏案画华美的 CG 图，勤勤恳恳。

"年轻时生活很稳定，每天就是画画，"擦主席回想道，"但总觉得自己骨子里是朋克的。那时候特别爱看摇滚乐传记电影，大多数片子分三段，前三分之一说出道；中间三分之一讲我们火了，怎么'作'，怎么造；后三分之一又归于平静。那时候，头尾都不爱看，就喜欢中间那段，觉得做个大明星多好，一个半小时的电影，没费多少工夫，过了半小时就火了。"当时，擦主席正准备去一所私立大学教书，已经在帮忙招生；两次偶然事件让他的生活偏离了原本平稳的轨道。

那时网络论坛刚兴起，擦主席把画作上传到"涂鸦王国""绿校"之类的论坛上，结识了一帮画漫画的年轻人。朋友们常常聚会，喝酒、聊天，很松弛，有时这种局会变成线下笔会。某次来了一个叫"黑荔枝"的同好，他抓起桌上一支笔说："这笔真好使，我能画一个晚上不停。"说罢立刻毫无章法地猛画起来。

这场景"叮"的一下打动了擦主席。他意识到，其实自己也有着强烈的表达欲望，但又面临着某种表达障碍——在那些华美

的 CG 图、那些设定与技巧中，他迷失了自己。黑荔枝的表演让他找到了用黑白线条自由创作的感觉——粗糙、生猛，不在乎精致与否，不取悦他人，永远把自我表达放在第一位。

擦主席花了一个月画出三十页漫画《朋克侠》，故事发生在"特殊状态下的城市"："卫生督察对看不顺眼的人进行无害化处理，火葬场业绩暴涨……"《朋克侠》连同其他作品，印成一本画册，总共五十本，用骑马钉钉好，裁纸刀一刀切齐，沿钉口对折，最后再用锤子敲平。擦主席带着这些画册去了迷笛音乐节，当时还是学生的他没什么钱，第一天没买票，就在外头天桥上摆摊，无人问津。第二天，他狠下心来买票入场，结果画册大受欢迎。

买家中有一位在央视工作的编导，他在北太平庄新影厂大院起了一间工作室，他很欣赏擦主席，问："想不想来这里玩？"考虑后，擦主席放弃私立大学的教职，选择了漫画工作室，后来擦主席一直叫他"老领导"。他把全部家当都搬了过来，专心创作漫画，偶尔也帮老领导的节目做做策划与主持。在之后的日子里，这间大院门口的狭长小屋，就成了擦主席和伙伴们的根据地。

Cult 青年的选择

通过漫画，擦主席逐渐跟一些纸媒建立了联系。

二〇〇六年十一月，他叫上画画的朋友安藤，一起去杂志社谈稿约。没想到主编态度倨傲，说了些"免费干活，才会考虑推你们"之类的话。这下把两个年轻人激怒了，在国贸桥底下，一挥手，把主编的名片飞出去，有的插到路边汽车的玻璃缝里。那天晚上，两人在一家火锅店里吃涮肉喝啤酒，愤愤地决定："咱不能受制于人，为什么不自己做呢？"

他们找来了同样画漫画的朋友 Bini。当时 Bini 在一家杂志社实习，对编辑出版流程相对有一些了解。三人凑一块儿，决定做独立漫画，不向任何事情妥协。《Cult 青年的选择》，这是擦主席起的名字。"选择"这个词来自电影《猜火车》的经典台词，主人公伊万说："我选择不选择生活，我选择一些别的。"

画漫画的 cult 青年选择什么？答案是漫画第一期的副标题"我们都爱 ABC"：A 是 adult video；B 是 B 级片；C 指 cult 电影——性、暴力、晦涩，更加成人，更加极端。

他们吆喝来十四个年轻的漫画作者，青年喷薄的荷尔蒙激发出强烈的创作欲，第一

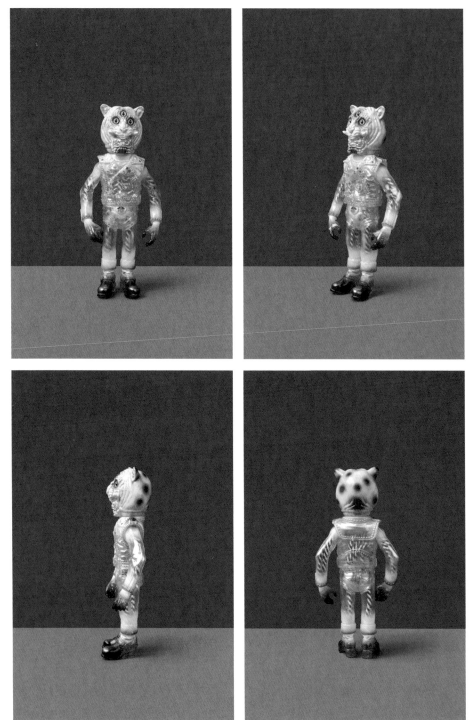

三眼虎

批作品迅速集结。新的漫画阵地，需要业界权威人物镇场。Bini 想到美国上世纪五十年代 B 级片导演艾德·伍德和日本恐怖漫画家伊藤润二，他谦恭又戏谑地虚构了"小艾德·伍德"和"伊藤润三"，以两位大师的口吻，胡诌了两篇推荐文章，分别配上了一位苏联火箭专家和他们的好朋友王佛的照片。

王佛性格冷静、喜好文化研究，是一群老友中的智囊，被称作"三叔"，但有时候他又承担着被调侃的角色。擦主席以王佛为形象，乐此不疲地进行各类创作，还曾雕出他的半身像，复制了几个树脂原模，又做了两百个瓷像，甚至特地请佛像师傅来开脸，重做了眼皮和嘴唇。

首刊的卷尾是一张地图做成的拉页。安藤从地铁站拿了一份北京地图，十几个年轻的画手凑在一起，在上面画画，如同帮派划分势力范围。

擦主席无疑是《Cult 青年的选择》的一面旗帜，他是发起者、组织者，也是最不可或缺的创作者。在他的漫画《浓雾镇的瘟疫》里，故事发生地是个瘟疫弥漫的小镇，那里永远被浓雾笼罩封锁，没人可以逃脱。这个设定类似于加缪的《鼠疫》，当时擦主席正着迷于存在主义。

二〇〇七年四月底，擦主席把漫画运回来。金杯车开进新影厂大院，几个人捧着散发墨香的漫画，激动得掉下眼泪。

"做时间轴上的大黑疙瘩。"擦主席这么说。对于漫画，他有自己的抱负和坚持。创作不仅关乎天赋，也离不开练习和永不停止的思考。他曾对朋友们说："如果一年画不了四百页，就不能成为职业漫画家。"

夏天，《Cult 青年的选择》第一期发布会，在大院工作室里举办。

孙大威、李青、青年小伙子、苏朵……

《Cult 青年的选择》

当年北京独立音乐圈的朋友们纷纷来捧场。周云蓬来了，Bini 上前请他拍照，他也乐呵呵照做；一位诗人上台朗诵诗歌，念到最后一句"扣动扳机杀死自己"时，顺势倒在了地上，头磕出血，众人大喊"牛×"。现场设备极差，表演完全即兴。漫画家们租来幻灯机，在塑料幻灯片上画，手动 VJ。伙伴们从农贸市场批发来葱油饼干，搭配廉价可乐，大伙儿就挤在那间四十平方米左右的狭长小屋中，吃喝唱跳。

《Cult 青年的选择》引起了很多主流媒体的关注，甚至有台湾、巴黎的出版社来联系。除了漫画家们，那间工作室里还诞生了北京最早的独立网络电台"乌鸦电台"，每天代售各种音乐唱片。参与其中，仿佛置身北京地下文化的中心。

那个夏天，一切风光又顺利。擦主席觉得这么一拨朋友会一直在一块儿，把漫画一直做下去，没完没了，直到这辈子就这么过去。

从漫画到摇滚海报

和很多热血故事一样，《Cult 青年的选择》在做完第三期后便无疾而终。如今，擦主席回想起这个突然到来的终结，没有流露出过多遗憾，"那时候觉得，独立就是不受约束，没有那么多条条框框，画自己想画的。不过这么想也是因为年轻，对规矩和专业技艺都没有概念。说好听点，那时追求的独立是比较实验的；但也许实验结果早有定论，就是不行。"

Bini 的看法则不太一样，"对于年轻时候的作品，我可能会带着更浪漫主义的视点去看，哪怕这些人失败了，失败仍然是有价值的。"

十年前，地下文化热闹非凡，多元的表达四处流动。有扶持动漫产业的政策出台，许多漫画杂志项目纷纷启动。氛围松弛、生机萌发，好像一切都要"走起来了"。然而没过多久，泡沫就破灭了。刚起步的漫画杂志社一家家倒闭，有的连首刊都没出，漫画稿费始终很低。主流漫画市场视野不够开阔，只接受少年漫画，青年漫画几乎没有生存空间。

擦主席无法在职业漫画领域找到自己的位置。他意识到，没有必要再在这个冷落的行业中"死磕"了，转而迈向摇滚海报与商业插画领域，他在《城市画报》《1626》《VICE》《Cosmo》等国内青年文化、时尚潮流刊物上发表过不少作品。二〇〇八年前后，北京鼓楼和后海的胡同墙上贴满摇滚演出海报，其中百分之七八十出自擦主席之手。

二〇一〇年左右，擦主席把作品整理成

《北京乐与怒》《清河性爱死》两本集子，作为一种总结，关于他的漫画与插画岁月，也关于北京独立文化的黄金年代。翻开这两本作品集，有种迎面挨了一拳、鼻腔涌出热血的感受：开膛的骨骼、裸露的阴茎、重叠的乳房，扭曲的性交姿势和表情，刀、浓烟、血……

"擦是新世纪头十年北京独立音乐视觉设计领域的头面人物。"Bini 说，"他的前辈是上世纪九十年代呼叫唱片的吕玻。如果有人研究千禧年前后北京的独立文化，把那段时期连起来看，会发现他们俩的作品中有很强的承接性。"

后来，相关部门出台规定，禁止在街面张贴海报。演出的宣传渠道转移到线上，海报多是些缺乏细节的小图。随着擦主席的退隐，摇滚演出海报成为过去式。

二〇一二年，D22 关门后，擦主席就不怎么去看演出了。北京的 Live House 关了一茬，又开了一茬。

"独立音乐和 Live House，是一种生活方式。"Bini 说，"现在很多是流媒体乐迷，可能发个朋友圈就走了，啤酒都不买的。这不能叫生活方式。"那一代人不再年轻，不能像过去那样，毫无保留地投入到这种生活方式中了。"不过，这也没什么不好吧，"像是要稀释流露出的怀旧情绪，Bini 又说，"这种生活的场域也容纳不了太多的人。"

清河联合

二〇一九年冬天，擦主席处理了近两千册丸尾末广漫画。这些漫画已经在他家堆了好几年，当年，做这些很费了一番功夫，耗尽了《Cult 青年的选择》的沉淀资金，最后也没卖出去几本。他已经不怎么看恐怖漫画和 cult 片了。当年疯狂吸纳的那些作品，已经以一种更隐秘的方式留在了他的思想中，留在了他创作的玩具中。

擦主席觉得，人是流动的。他本人的创作道路就是这种理念的外显，从独立漫画到摇滚海报，从商业插画到 Sofubi 玩具。在一些时候，他是某种创作媒介潮流的先驱，在另一些时候，他见证了某种创作媒介辉煌岁月的末尾。在玩具这个领域，他再次成为了大陆创作者的先驱。

擦主席真正开始收藏玩具，是在大学毕业后。他收过 Mezco Toyz 出的 cult 电影玩具、麦克法兰的"再生侠"（Spawn），也收过日本特摄片里的怪兽。"千禧年初，是玩具的黄金时代。那时候还没有太多电子产品，大家就玩玩具。"聊起这些事儿，擦主席仍然很兴奋。

二〇一〇年之前，作为全世界最大的玩

擦主席的插画作品

具生产国，中国市场上存在无数从工厂流出来的尾单、散货。虽然当时国内的玩具收藏尚不成体系，那些怪诞的玩具散落在各种淘宝小店里，卖家不清楚准确的名称，所以有心的藏家必须用想象力去搜索，有时也能淘到不少宝贝。如果退回二〇〇六年，想在淘宝上找到老鼠芬克（Rat Fink），就要试试"垃圾鼠""肥鼠修车"或者"邪恶米老鼠"这些关键词；输入"搪胶乌龟"，也许能收获一只怪兽加美拉（Gamera）。

在玩具大潮中，擦主席发现了日本设计师做的 Sofubi 玩具。他喜欢 Sofubi 的"私售"模式：设计师自己设计、制作玩具原型，送去工厂，复制成几十个素体，然后亲自涂装，通过社交媒体售卖，不经过渠道商。

那时，擦主席为多家 4A 广告公司画商业插画，收入可观。可是，在他看来，这只是用自己的技能实现别人的想法。而做独立玩具，则是完全依靠艺术家的个人理念去吸引受众，从无到有的过程，全由艺术家自己掌控。相比之下，做玩具能够获得更充分的自我表达。

二〇一五年，擦主席认识了音乐人 KaiZe。那是在 KaiZe 的巴士派对上，巴士绕着北京的二环跑，KaiZe 在车上打碟。LED 灯带拉满，Disco 球旋转，车窗大开，夜晚的风灌进来，大伙儿站在椅子上跳舞，跟底下看傻了眼的

车主打招呼。

早前，擦主席偏爱摇滚，不太接受电音乐，听 KaiZe 讲了音色、Bass 和 Groove 等概念后，发现电音有其自身的特色，比摇滚更细腻，控制得非常微妙。"其实没有什么东西是接受不了的，"擦主席说，"首先你得去了解。KaiZe 跟我们这些原来听摇滚乐的人不一样，整个人的状态是更放松的。电子音乐的气质更偏享乐主义。我觉得这对我也是很积极的影响。"

此后，擦主席带 KaiZe 做玩具，KaiZe 带擦主席做 DJ。同年，擦主席联合 KaiZe 和小鸡科技，创立了品牌"清河联合"。小鸡科技做的是艺术家服务，为擦主席提供 3D 打印技术，还牵线找到了代工厂。在 KaiZe 眼中，"清河联合是个松散又稳固的组织，力求在这个文化乱世之中杀出一条血路，让观者虎躯一震。"

唱唱反调

二〇一六年之后，玩具市场一派繁荣，为了抢限量版，玩具展会前彻夜排起长队。队伍里混进很多"黄牛"，今天发布的新款，明天就出现在二手交易平台上，价格能翻上两三倍，市场变得更为复杂。擦主席有些看

不惯，他经常把"抖机灵还得仁义"挂在嘴边。在他眼中，玩具是世界观的输出，必须坚持自己想做的，而不是迎合市场。

当年那一帮 cult 青年如今都奔四十了，每个人都嵌入了自己的生活轨道。有一回，几个老友晚上喝酒，擦主席提议，咱们搞个网络电台，就叫"唱唱反调"，把这么多年看不惯的事儿都骂一遍。他当即拿本子，伏在桌上，列出三十多个话题。擦主席、Bini 和安藤也曾一起吃完饭在街上溜达，趁着酒兴浓时，说要像以前那样再搞一期漫画，可第二天早上醒来，大家好像都忘了这事。过了一段日子，擦主席突然在微信群里发了一段几百字的故事大纲，内容大致是：朋友三人，年轻时都在亚文化领域里独当一面。几年后，一个腿摔瘸了，一个脑震荡，还有一个破产了，欠一屁股债。

最近，擦主席身边多了助手方睿。像方睿这样的年轻人，将擦主席视为不被主流收编、始终坚持独立创作并取得成就的亚文化 icon。他说："漫画、摇滚海报、玩具设计，他做过的每一件事，都是我想做但还没办法做的。"

在过去几年里，方睿经历了不少事。从动画专业退学，刷过碗，卖过电器，在二手书店打过工，自学了 PS 和 CG，辗转北京、重庆、深圳，不断换工作。他不喜欢漫画工作室用市场数据选择创作题材的做法，也不喜欢玩具公司中整日对着照片雕细节的手艺活。他在擦主席身边工作，首先学到的是，技术和规范的重要性：擦主席工作高效，没有创作者常见的混沌、拖延的毛病，做事前缜密考虑，执行起来逻辑清晰。

方睿也喜欢听擦主席和朋友们的播客节目，想了解这批探索独立文化的"八〇后"如何成长，又发生了怎样的变化。在回忆《Cult 青年的选择》那期节目的最后，主持人请擦主席给年轻创作者提些建议，他说："年轻人不要与社会为敌。"

明日深渊

Mandarake 是日本最大的中古模玩店，经营各种品类的二手玩具。在亚洲玩具圈中，它的定价具有指导意义。擦主席曾参加过 Mandarake 举办的设计师邀请展。这次经历给他带来了不小的冲击。展会场地有些简陋，只有一列列小隔间，设计师坐在隔间里，像守着个小卖部，门庭冷落。展会后，朋友带他去了一家偏远的玩具工厂，二人坐了很久轻轨，出站后又搭了一段车。那是个干净整洁的村庄，全是一户建楼房。朋友说："过去这里少说也有四十家软胶工厂，现在关得差不多了，只剩了两家。"

擦主席开始反思自己的玩具创作：他受日本软胶玩具的影响很深，但如果继续走以前的老路子，会不会像日本设计师一样，越走越窄？

"那是二〇一七年左右吧，我发现 Sofubi 私售这种方式没法实现我想要的。"擦主席说，"今天做一个三眼虎，明天做一个三眼狼，只是一个个单独的形象，并没有真正的突破。当然，从商业上看，做这些怪兽软胶玩具更保险一点，可以直接吸引受众。但我觉得这太简单了，就像是小品，大家看了哈哈一乐就完了。"

擦主席不想停留在单纯的形象创作上，他要做的是系列玩具，由此架构宏大的世界观，就像美国玩具公司孩之宝的"特种部队"一样，在玩具的黄金年代创造一个完整自洽的世界。

二〇一九年，擦主席推出了"明日深渊"系列玩具。他对此寄予了很大的期望，除了呈现出完整的世界观，他也希望这个系列能有更多接口，比如动画、儿童剧、绘本等。

在工作室，擦主席穿着简单舒适的运动服，戴着细框眼镜，讲起话来亲切而耐心，冷不丁逗个贫。当被问到"有没有人说你笑起来像冯德伦？"时，擦主席说："嘿，太抬举了。"

"那个酒窝，笑起来特别有感染力。"

擦主席站起来，立在窗边的阳光下，又说了声"嘿！"同时笑得更加灿烂。

与擦主席的对话从"明日深渊"开始：

Q：设计"明日深渊"系列时，是怎么想到用科幻和宇宙做主题的？

擦主席：我觉得是文化基因的回归吧。小时候，常去自然博物馆、科技馆，看的书也有很多是跟科幻相关的。有个故事我印象很深，说大家喜欢收集各种东西，只有一个小孩例外，因为他家穷。小孩的爸爸在外太空打扫卫生，把太空垃圾拿回来，一个金属块。他爸说，你看，这个被宇宙射线照过，有一种奇特的光泽。小孩觉得特别厉害，就开始玩。后来，收藏太空垃圾慢慢成了一股风潮。还有人故意把别人的飞船打碎，变成垃圾，作为自己的藏品。好多类似的故事。

至于太空探索这部分的设定，是这么来的：二十世纪对新千年的想象和预测，跟现实中发生的并不一样；二十一世纪的变革是互联网和信息化。但对我来说，最有未来感的，还是冷战时期取得的突破性的成就，那时候的探索都特别扎实，比如登月，所以当时人们畅想的是，未来能住到月亮上。

我把"明日深渊"整个故事放在架空的六七十年代，讲述人在那个年代对二〇二〇年的想象，定了一个复古未来主义的基调。

暴龙勇士

水牛车

步行机器人士

三角龙勇士

『明日深渊』系列

这个系列会有三条故事线：太空竞赛、外星殖民、月心冒险。

Q：发售"明日深渊"第一期的文案里，提到创作过程中有很多对消费主义陷阱的观察和反思，能不能展开讲讲？

擦主席：现在我买玩具比较少了。玩具的价格是虚的，而且我觉得，有时候独立玩具设计师投入的精力和热情不够，这些作品不足以满足我在文化消费上的期待。

消费主义的陷阱就是让你觉得不买不行，但实际上这个物品的价格超过了它本身的价值。对很多人来说，购买的驱动力是"我不买就亏了"或者"我要在社交平台上发"这种心理。这些都是向外的感受。

所以我给"明日深渊"的定位是：回归。它可能更像经典的、黄金年代的玩具。当年没有网络这些复杂零碎的因素，玩具给你的是向内的体验，本源是想象力，玩的时候觉得好玩，觉得高兴。

Q："明日深渊"似乎在风格上做了很大的改变。

擦主席：这个系列不像以前的玩具那么cult，依然会有相似的元素，但我没有一下子都放进来。我要先从一个相对比较稳的东西开始，慢慢融入更多，比如克苏鲁、朋克这些元素；铁皮玩具、赛璐珞玩具、木头玩具这些审美；特种部队、战锤这些黄金年代玩具的玩法。

Q：为什么会发生这个转变？

这几年做玩具之后，需要了解商业模式，要做很多平衡。这跟纯粹的创作不一样。在这个过程中，要保持创作的独立，又要去平衡销售。我个人认为，这是更高级的事，因为更精密、更复杂。

喊一个口号很容易，让大家接受则很难，需要通过创作和故事，以及一系列的技巧和方法把想说的事说清楚。以前，我画完一则短篇漫画或者一幅插画，就想贴出来，得到回应。但是现在我意识到，需要有更宏观的规划，它会更深沉、更稳固、更平衡，要用更长的时间让大家去了解。这不是一个自怨自艾的事情，它需要一个过程，需要坚持，需要让子弹飞一会儿。

Q："明日深渊"这个系列似乎融入了庞大复杂的审美体系。你是如何形成自己这一套审美的？

擦主席：人在二十出头时需要迅速找到一种精神载体，无论是摇滚乐、民谣还是日本文学，任何一种都可以，只为让你在文化层面找到自己的坐标。那时候我就爱看恐怖漫画、cult 电影，觉得别人不看，我看，我牛 ×，就觉得这东西特别刺激。性与暴力，与众不同的美学。那时候是真的喜欢，不过现在看得少了。

Q：中国"八〇后"和"九〇后"接受的文化大部分是舶来的。

擦主席：对，组成越来越复杂。不像美国，一个小镇要是朋克火，就都是朋克，他们有脉络和体系。咱们这边更碎片化。现在年轻人开 party 时的音乐就是混着放的，说唱、Drum & Bass、House、Techno……什么都有。

Q：作为一个创作者，要如何处理这些文化元素？

擦主席：就是融合。每个人的融合，其实都是在对多个文化元素进行细腻的调整，用自己的世界观、价值体系和感受去整合，去平衡。这依然是一个向内的过程。我们看艺术家的创作，看的就是这个。否则，如果只是了解某一个文化元素，为什么不直接追根溯源呢。

Q：会不会觉得最近几年的娃娃，都有点奈良美智的失眠夜娃娃的影子？

擦主席：大家看奈良美智的娃娃样子比较童趣，就以为这门槛很低，还有草间弥生画的点点，其实不然。如果一个娃娃上有奈良美智和草间弥生的创作，你买下这个娃娃，一下子可以拥有两个艺术家。

Q：怎么看待潮流玩具这个概念？

擦主席：概念不重要，我也可以说我的玩具是"fusion toy"——融合玩具。说到底，最基础的是背后的运营模式。潮流玩具、设计师玩具，或者 Sofubi，这些概念都有对应的运营模式、特定的受众。有些人只是觉得，这个名字听起来特酷。

Q：之前你和香港的玩具厂牌合作过，但现在还是成立了工作室做私售，能讲讲这两种模式的区别吗？

擦主席：跟平台或者厂牌合作的好处就是方便，不过也会受到很多限制。跟平台签约，你也得想好，可以一年做这么多系列吗？这个是非常掏空自己的事。真正的问题在于，你在做这些设计的时候有进步吗？作为一个创作者，必须不断创作出立得住的作品，才有未来可言。

Q：从以前做独立漫画，到画摇滚海报、商业插画，再到现在做玩具，有没有什么是一以贯之的？

擦主席：我觉得还是独立精神。不要被

限制住，就坚持你想做的。

Q：对独立精神的理解，有发生什么变化吗？

擦主席："独立"是个一直被消费的噱头。独立不独立，只有自己能判断。玩具也好，摇滚也好，漫画也好，这些亚文化在起始阶段能被创造出来，都是因为独立精神。大家觉得它酷，开始跟随、参与，慢慢地人越来越多，就形成潮流。然后资本进来了，大家开始消费这种文化，它就变成主流。这是一个闭环。

现在我觉得，独立本质上是对抗自己，对抗一种舍不得变化和流动的状态。不能因为你之前的积累带来了一些好处，就一直守着它不动。人的年龄、心态、接受的知识和对世界的认识都会有变化，还是要根据自己的变化来创作。▲

"明日深渊" 系列

撩主席

Part2　爆裂

特种部队：
G.I. Joe 的奇妙冒险

文 / 王潇

"它们跟谁打？"

看着眼前十二名玩具士兵，漫威（Marvel Comics）的漫画家拉里·哈马（Larry Hama）提出了他的第一个问题。坐在他对面的，是美国玩具公司孩之宝的研发团队，他们想为系列玩具"特种部队"制作漫画，搭建故事背景，与星球大战系列玩具抗衡。

"没人跟它们打。"玩具团队回答。当时，研发经理柯克·博兹吉安（Kirk Bozigian）从传统玩具制造商的角度出发，认为没有小孩愿意买反派角色的玩具，如果一定要有个坏人，孩子们完全可以用其他玩具充当这个角色，比如星球大战玩具。此前，孩之宝从未跟漫画家合作过，在漫威劝说下，他们终于明白，特种部队在漫画里需要真正的对手。

另一位漫画家突然提议："眼镜蛇（Cobra），这名字怎么样？"在场的每个人似乎都被击中了，这就是一个不为人知的强大黑暗势力极有可能为自己取的名字。

这场对话发生在一九八〇年，几年后，"特种部队"这个诞生于上世纪四十年代的老牌玩具，借助漫画重新焕发生气，成为可与星球大战系列玩具分庭抗礼的存在。

特种部队宇宙

第一期《特种部队》（*G.I.Joe*）漫画发行后，拉里收到上百封小读者的来信，有的还是用蜡笔写的。其中一封严谨地指出漫画中的bug："汽车引擎盖上的机枪，被放在这个位置的话，后膛会抵到驾驶员。"（大意如此）

孩之宝与漫威两大巨头联手，让孩子们和家长根本无从抵抗。"特种部队：真正的美国英雄"系列玩具征服了美国。那是一九八二年，从美国东海岸到南部，从早到晚，无数电视机都在传颂关于特种部队的歌谣，"无论哪里出了麻烦，特种部队都会出现！"到上世纪八十年代中期，孩之宝一跃超过拥有芭比娃娃（Barbie）的美泰公司（Mattel），成为世界上最大的玩具公司。

每年特种部队都会推出大量人物，其中最受欢迎的是浑身漆黑的忍者：蛇眼（Snake Eyes）。他的档案卡上，姓名和出生地被列为机密，仅有的信息是，以武士刀和乌兹冲锋枪为武器，"擅长十二种格斗术（空手道、功夫、柔道等）和刃器"。

身着密不透风的黑色盔甲，永不摘下黑色头盔，绝不会辜负期望，永远沉默——这个极致且神秘的角色令孩子们折服，但大多数人并不知道，蛇眼这个形象源于研发过程中的一个困境：控制成本。一九八二年，漫威介入后，特种部队从最初的十二人小队扩充到十三人，其中包括九名战士、四名驾驶员；此外眼镜蛇阵营增加两名士兵，以及一个眼镜蛇首领。如果削减成本，首当其冲的就是需要复杂涂装工艺的服饰配件，最简便的方案是给每个人物的服饰都做一些删改。然而，这些角色似乎都已定型，不能失去任何一个细节。研发团队找到了另一个优雅的解决方案：与其每个人物都拿掉十分之一装备，不如大部分保持不变，只卸下其中一个玩偶的所有衣饰。蛇眼，一个悄无声息、隐匿在黑暗中的忍者就这样诞生了。

似乎是为了呼应蛇眼的沉默，拉里画了一期无声的漫画《沉默的间奏曲》（Silent Interlude），不借助任何对话或说明文字，用图像讲述了这样一个故事：为了营救队友斯嘉蕾（Scarlett），蛇眼潜入城堡，与无处不在的红武士交锋，后遭遇死对头白幽灵（Storm Shadow），多次发生正面对抗。在漫画的最后，蛇眼和斯嘉蕾逃离古堡，视角转换到白幽灵，他望见蛇眼前臂的刺青，发现那图案与自己身上的一模一样。

在随后的漫画中，蛇眼的身世铺展开来：他和白幽灵是越南战争时期的战友，枪林弹雨中，白幽灵救过蛇眼一命。离开越南后，他来到日本，加入白幽灵的岚影部落（Arashikage Clan），接受训练成为忍者。忍术大师被眼镜蛇残杀，白幽灵遭到诬陷，后被眼镜蛇收编。蛇眼回到美国，成为特种部队的一员，在一次直升机事故中，为了救下斯嘉蕾导致声带受损，从此不语。种种冲突下，蛇眼、白幽灵和斯嘉蕾的命运交织在一起，蛇眼一人牵连出特种部队阵营与眼镜蛇阵营中的多个重要角色。故事的讲述者拉里说："我从来不觉得这是军事题材漫画，它说的是朋友间的忠诚。"

拉里总是穿着黑色短袖 T 恤，有时戴棒球帽，十六岁时他把第一部漫画卖给科幻杂志，后来在越南担任过军队工程师，也做过演员，回忆过往他常常露出腼腆的微笑。"战斗，暴力，"他说，"小男孩们总是被战争主题的玩具吸引。不过男孩们的游戏中还有很多其他的元素……我从来没有太看重那些战斗。戏剧性存在于角色间的联结，这才是漫画和玩具的内核。"

拉里的笔创造了特种部队，而维系着这个世界的是孩子们的想象。漫画与玩具风靡全美后，孩之宝和漫威顺势推出了电视动画片《特种部队》（G.I. Joe）。连续播放的动画片，让孩子们每天都沉浸在特种部队宇宙中，持续刺激着他们的想象。不过，动画片也有其限制，由于受众年龄小，动画片中不准出现死亡，即便战机被击落，也肯定会弹出降落伞。"我跟动画一点关系都没有，"拉里的声明中带着抱怨，"为什么不能出现死亡？简直可笑。"不过，据当年端坐在电视机前的小观众们回忆，其实动画片里好几次都没有出现降落伞。

二十世纪八十年代末，特种部队系列总共推出了三百零四个人偶，规模远远超过星球大战系列。

一次访谈中，拉里被问道："你见过这些玩具全放在一起里的景象吗？"

"见过。"拉里说。

"怎么样？"

"就像一支真正的军队，"拉里露出笑容说道，"相当震撼。"

事实上，特种部队的人物设计全部来自孩之宝，新玩具完成后、面世前，这个角色才被交到拉里手上，由他编织到漫画中，拉里只是讲述了角色间的故事，孩之宝也省下了一笔角色版权费。继眼镜蛇成为最大反派后，黑暗阵营中还出现了"摩托车帮"（The Dreadnoks），帮派成员一身废土朋克装备、肌肉结实、爆炸头，映着迷幻色彩；平日里高举着弯刀、冲锋枪等混搭武器，驰骋张扬。实际上，根据孩之宝的最初计划，它们本该是大型毛绒泰迪熊。一九八三年，《星球大战：绝地归来》（Star Wars: Episodo VI-Return of the Jedi）上映，影片中毛发旺盛的外星生命"伊沃克族"（Ewok）俘获了一众影迷。一直关注星战系列的孩之宝告诉拉里，他们打算针锋相对地推出毛绒玩具。

"难道你们不明白吗？"拉里无奈地说，"怎么能让特种部队去射击可爱的泰迪熊。"

不过，在追述创作《特种部队》漫画的那段往事时，拉里觉得融入新人并不算难。眼镜蛇的蛇族祖先（Cobra La）则是少数的例外。设计团队似乎过于热衷蛇这个意象，以蛇命名是一回事，蛇身人首的造型又是另一回事。没有多少小孩对这个蛇族形象感兴趣，它过于怪异，孩子们甚至不愿意用它充当特种部队暴打的对象。

蛇族祖先诞生于一九八七年，是特种部队风行美国的第五个年头。这个蛇身人首的奇幻设定打破了特种部队一贯的写实风格。一些粉丝认为，这一年，就是特种部队系列玩具走向衰败的起点。

剃刀、人体模型与娃娃的新名字

一九六二年的三月，特种部队这个将会风靡全球的玩具系列还只是个构思——"男孩的芭比娃娃，以军事主题为核心"。玩具策划人斯坦·韦斯顿（Stan Weston）带着创意来到罗得岛州波塔基特，拜访哈森菲尔德兄弟公司（Hassenfeld Brothers，孩之宝的前身）。美泰公司以芭比娃娃获得的巨大成功仿佛是昨天的一个梦，当时各大玩具公司都在思考，怎样才能跟上美泰的步伐。但"男孩的芭比娃娃"还是超出了哈森菲尔德兄弟的想象边界，毕竟，男孩们热衷的是玩具枪，谁会想要一个穿着军装的娃娃？

今天，恐怕不会再有人问这种问题，特种部队的成功证明，在至少三代美国人里，几乎每个男孩都想拥有这样一个娃娃；然而在一九六二年，哈森菲尔德兄弟公司的主力产品还是塑性黏土、填色玩具，以及蛋头先生（Mr. Potatohead）。后来接管了公司的艾伦·哈森菲尔德（Alan Hassenfeld）还记得，小时候他曾对父亲梅里尔·哈森菲尔德（Merrill Hassenfeld）说过："我宁愿周六去玩触身式橄榄球，也不碰这种娃娃。"

当时，梅里尔给斯坦的答复是："我们不做娃娃生意。"他可能不知道，创下销售奇迹的芭比娃娃，也遭遇过这样的质疑。

"没人会买这种玩具。"三年前的春天，在一九五九年纽约国际玩具展（Toy Fair New York）上，美泰的创始人露丝·汉德勒（Ruth Handler）听到最多的就是这句话。在临时搭建的小展厅里，她的芭比备受冷落，像是盛装打扮去了一场错误的舞会。在傲慢的玩具经销商眼中，芭比离经叛道，他们从没有见过这么大胆的娃娃：蓝色眼影、黑白条纹泳装、墨镜，以及金色环形耳环……那个时候，女孩们手中的是乖女孩外形的娃娃，像秀兰·邓波儿那样，拥有一头端庄乖巧的金色短卷发，系一枚红色蝴蝶结，抱着小狗，穿着田园风连衣裙和平底软皮鞋。或者是"贝琪·麦考尔"（Betsy

McCall）这类剪纸娃娃，这个五岁的女孩出现在杂志上，每一期都会去某个地方旅行，配上三套不同的服饰，衣服可以剪下来，粘到娃娃身上。在玩具生产商与经销商的想象中，女孩们应该抱着小女孩儿娃娃过家家，假装自己是母亲。孩子们怎么会知道该如何对待芭比这样的娃娃呢？性感的芭比，高挑的芭比，永远面带微笑的芭比，在温和的灯光中，她不知疲倦地保持着优雅站姿。商人们远离了露丝与芭比，走到熙熙攘攘的会场中去。

露丝对芭比有宏大的规划：在工艺精细、人工低廉的日本代工厂生产，乘坐货轮漂洋过海来到美国，每周两万个，持续六个月。这天，露丝致电大洋彼岸的代工厂，削减百分之四十的生产量。晚上，她离开了仓库，离开了堆在一起无人问津的芭比娃娃，疲惫不堪。回到家后，她哭了出来。

在此之前，露丝已经遭受了长达七年的质疑，她的丈夫埃利奥特·汉德勒（Elliot Handler）曾说："哪个母亲会给自己的女儿买一个有胸部的娃娃？"作为美泰公司玩具设计师，埃利奥特痴迷充满机械感的玩具；事实上，整个设计团队都是男性，几乎没人愿意把二维的剪纸娃娃立体化，他们更想设计玩具枪、玩具火箭，以及那种打开盖子就会弹出的小丑。

埃利奥特设计过一批木质家具玩具，露丝很自然地想到将这些玩具纳入芭比世界中。但埃利奥特反对，在他看来这些家具是"完全不同的东西"，尽管他也无法清楚地解释为什么它们与芭比不搭配。他一直对芭比怀有古老的敌意，不过他能理解露丝的心情，知道她对芭比爱得多么深。在经历了玩具展的惨淡和一整日的劳顿后，露丝止不住地哭泣。

这个夜晚，也许露丝会回想起芭比在她心中悄然孕育的那个时刻。那是她对女儿芭芭拉的观察：小女孩们互相串门，抱着各自的剪纸娃娃，与大人们的想象不同，她们没有把剪纸娃娃当作自己的孩子，而是扮演大人，一板一眼地模仿成年女性间的对话。露丝对此的解读是，小女孩儿只想变成大女孩儿，她们憧憬的、幻想的都是装扮时尚的年轻女性，那就是露丝要带给她们的娃娃。她本想用女儿的名字"芭芭拉"命名，但已被注册了，于是她选择了"芭比"。她深爱芭比，甚至有时候也会叫女儿芭比。她相信，芭比会成为另一种罗夏墨迹测验，测试小女孩们的想象力。她错了吗？

电视广告给芭比带来了转机。在美泰之前，玩具广告只是古板地展示商品或孩子玩耍的场景，美泰则做出了革新，他们制作了电影式的片段，激发并引导孩子们的想象。在芭比的第一支电视广告中，她穿着婚纱、圆礼裙、抹胸晚礼服、职场正装，出现在长长的白色楼梯上，用温柔的女声唱道："有一天，我会成为你，到那时，我会知道我想做的事……"这支歌曲说服了家长们：芭比可以引导女孩去想象自己的未来。接着他们发现，自己的女儿早就想拥有芭比这样的玩具了。

一九五九年的夏天，芭比的销量迅速攀升。曾经漠视芭比的经销商不断向露丝递来大额订单。玩具展后，得到《纽约时报》激赏的美泰玩具是二级火箭，但四年后仍被《纽约时报》提及的玩具是芭比，它被誉为"革命性的思想"——"小女孩不再将娃娃当作自己的孩子，而是视作她们自己"。

露丝和埃利奥特总结说，芭比的营销策略是"剃刀－刀片模式"，"剃刀"是压低售价的芭比娃娃，真正利润丰厚的是与之配套的"刀片"，是那些层出不穷的服饰和配件。埃利奥特对斯坦说："你必须先把'剃刀'卖出去，然后就能卖出更多的'刀片'。"斯坦回忆说，他从未忘记埃利奥特给他上的这一课。

一九六二年，斯坦·韦斯顿单枪匹马来到罗得岛州，想说服梅里尔·哈森菲尔德"男孩版芭比娃娃"大有可为。他的演说失败了，好在演说现场有一个用心的听众，像露丝一样，他没有屈从于对玩具的传统认知。

唐·莱文（Don Levine）彼时是哈森菲尔德兄弟公司的研发部主任，曾经的美国大兵，他记住了斯坦的想法。在美术用品商店里，他为这个玩具找到了原型——木质美术人体模型，多个活动关节，可以摆出各种造型。唐带了一打模型回到公司，团队成员疑惑地看着这些无脸人，嘟囔着"老板说他不想做这个"。唐回答："我不管，他去度假了，我们有两周的时间。"

研发团队来到了三公里外的美国警卫队军械库，对照着满仓库的真枪实弹，复制了一切。在两周之内，这些木质人体模型被改造成了士兵。从前，它们待在美术用品商店里，与世无争，现在则穿上了迷彩服，坐在吉普车上，手持 M16 自动步枪，肩上扛着反坦克火箭筒。

梅里尔·哈森菲尔德度假归来，为他接风的就是这些全副武装的士兵。他从没见过这样的玩具，当时的芭比娃娃只能僵硬地站立，摆出缺乏真实感的造型，而这些士兵拥有多个可动关节，能摆出各种姿势，可以跪地射击，也能持枪站岗。毫无疑问，它们更具备可玩性，如果加以改造，甚至经得住男孩们那种永不停歇的、可怕的折腾。看到实物，梅里尔意识到之前的判断错了，这些士兵将征服玩具市场。

特种部队在极短的时间内，几乎复刻了芭比娃娃经历的全部曲折，并模仿它们的生产、营销模式：剃刀是四个无名士兵，分别来自空军、海军、陆军和海军陆战队，刀片则不仅仅是军装与配件，还有层出不穷的战斗载具；和芭比一样，特种部队最先诞生在日本代工厂，再被运回美国。为了应对玩具行业盛行的平行营销（复制抄袭），唐·莱文在士兵的脸上加了一道疤，后来玩家们称这道疤为"史上最具辨识度的伤口之一"。

特种部队整装待发，不过老问题仍亟待解决：上世纪六十年代初，娃娃是女孩的专属玩具，怎样才能把特种部队送到不玩娃娃的男孩们手里呢？孩之宝选择绕过这个难题，通过语言规避它——不称特种部队是娃娃。在接下来半个世纪给玩具产业带来深远影响的概念诞生了——可动人偶（Action Figure）。

哈森菲尔德兄弟公司宣称：特种部队是世界上第一款可动人偶，而不是男孩的芭比娃娃。当时，把特种部队叫作娃娃的营销人员甚至会被罚款。

"娃娃？那是一个肮脏的称呼。"唐·莱文半开玩笑地说道。

政治的玩具与玩具的政治

一九六四年，越南战争全面升级的前夕，初代特种部队发布了。那一年，美国的文化氛围是轻快的、歌舞片式的，奥黛丽·赫本扮演的卖花女成为优雅贵妇，朱丽·安德鲁斯出演的仙女降临人间，而在越南发生的一切只停留在越南。在大众的想象中，战争仍意味着荣光，战无不胜的美军奔赴远方，必将凯旋。在肯尼迪总统遇刺后，好战分子摇旗呐喊，指责政府"对共产主义的软弱"，在这种对战争持有幻想的政治氛围中，特种部队系列玩具风靡全美。

两年后，美军已经向亚洲派遣了十八万四千名士兵；而在美国本土，两百万以上的特种部队玩具入驻超过十五万个家庭。一波又一波的战斗载具不断推出，陈列在希尔斯百货的目录上，孩子们剪下那些玩具图像，贴在卧室墙上最显眼的位置，期盼在圣诞节到来前，父母能破解这个暗示。

无数住宅的后院被孩子们布置成沙场，泥地上满是迷你散兵坑，接着是更浩大的防御工事，袖珍战壕和临时地堡。特种部队乘坐吉普车，驶过起伏的土坡，穿过想象出来的枪林弹雨，扬起真实的黄沙。在后院，在报纸上，日复一日的战争冒险接连上演。直到一九六八年的新春，美军遭遇大规模偷袭，伤亡五千多人。过去的一年中，反战游行悄然萌发并愈演愈烈，现在终于彻底湮没了美国，并波及玩具行业。母亲们高举横幅疾呼："游戏不要枪炮，圣诞不买战争玩具。"

美军在千里之外深陷越战泥沼时，东海岸的肯尼迪航天中心见证了另一个大事件。一九六九年七月十六日，阿波罗 11 号飞船登月，在美国哥伦比亚广播公司的现场直播中，科幻小说大师罗伯特·海因莱因说道："我觉得，很多人还没有意识到，这是人类历史上最伟大的一刻，这是一次转变，一场成年礼。新的历法诞生了，今天是新元年的第一天，人类的童年已走向终结。"

同样走向终结的，还有特种部队和哈森菲尔德兄弟公司的童年。就在一年前，这家玩具公司更名为孩之宝，完成上市。而在呼吁和平的浪潮中，特种部队撤离前线，换下迷彩军装，开始了"特种部队的冒险"系列。在阿姆斯特丹踏上月球地表的这年，特种部队宇航员也抵达月球，玩具挂卡背面写道："他的任务是搜寻一个隐蔽的导弹发射基地。导弹被'秘密境外势力'部署在这里，将在几分钟内发射并摧毁美国……特种部队能够阻止这一切吗？"在电视广告中，特种部队冒险队员戴上金属潜水帽，沉入深海，对抗凶猛的八爪鱼；或是带着一队雪橇犬，穿越北极圈，给被困的英国极地探险队带去补给。

多年后，童年经历了冒险队时代的人如果聚在一起，会坚定地宣称："冒险队才是真正的特种部队。"他们还记得，小时候玩特种部队的场景，把石棺掩埋在外婆家后院的深坑里，想象冒险队正在埃及探索金字塔，自己则弄得满身泥污。不过，不是所有父母都能容忍这些。那个不被允许在后院玩耍的人，会被问道："你从来没在泥地上玩过吉普？没有挖过散兵坑和战壕？"虽然他为了掩饰窘迫声称自己拥有"冒险队总部"（一个坚固的立方体要塞，可展开成两层四室的建筑）、一辆吉普和一个比寻常后院更大的地下室，但还是会收获一阵饱含同情的笑声。

冒险队战胜了反战浪潮。拥有仿真胡须的指挥官身着橄榄绿军装，胸前佩戴一枚银质徽章，拉动徽章，就会随机说出一句话：

"非洲需要我们！"

"我们要在天黑之前抵达，跟上我。"

"冒险队已经控制住了局势。"

指挥官没料到的是，局势又一次急转直下。一九七三年，石油危机爆发，特种部队再度陷入困境，这款12寸可动人偶由塑料制成，严重依赖石油原料。在成本飙升与销量不振的双重阻击下，孩之宝采取了一系列措施，包括缩小尺寸、推出功夫人（他的功夫是手可以抓取物体），等等。然而，这些都不足以挽救颓势。诞生于一九七七年的鹰眼（可以转动眼珠），成为那个时代最后一款特种部队人偶。一年后，特种部队的冒险结束了。

与此同时，孩子们的想象世界发生了一场壮丽的变迁，离开了硝烟战场，来到浩瀚无垠的宇宙。一九七七年上映的《星球大战》（Star Wars）推动了这场变革。而帮助卢卡斯影业巩固这场胜利的，是玩具公司肯纳（Kenner）推出的星球大战系列可动人偶。肯纳缩小了人偶的尺寸，初代特种部队是12寸，星战系列则是3.75寸。这是现代可动人偶领域的第二个经典尺寸，它不仅意味着降低成本，也意味着可动人偶可以拥有更多配套载具。卢克·天行者（Luke Skywalker）与R2D2可以像电影中那样，搭乘上千年隼号了。

《星球大战》里这些有故事的人物取代了特种部队。事实上，卢卡斯影业曾经接触过美泰和孩之宝，这两大玩具巨头都因为时间过于紧迫拒绝了委托。一款全新玩具的设计和生产通常需要两年左右，但当时距电影上映只剩六个月。一年后，此前默默无闻的肯纳凭借星战系列一战成名，而孩之宝失去了旗舰产品特种部队后，在一系列扩张计划中频频遭遇挫折。充盈于宇宙的"原力"，没有与他们同在。

一九七九年，梅里尔·哈森菲尔德去世，长子斯蒂芬·哈森菲尔德（Stephen Hassenfeld）接管公司。在失去特种部队和老领导的这两年，孩之宝的日子并不好过。公司里有个二人小分队，鲍勃·普利普斯（Bob Prupis）和柯克·博兹吉安（Kirk Bozigian），他们对特种部队感情很深，一直想重启。他们反复向斯蒂芬提议：像星战系列那样，将特种部队缩小至3.75寸；重回最初的写实风格与军事题材……但这些想法没有打动斯蒂芬，特种部队只是没有故事的士兵，没有超能力，甚至没有姓名，他们还没有找到与星球系列玩具抗衡的发力点。

最后一次提议是在一九八〇年二月。那天，鲍勃在家里看普莱西德湖冬奥会，在冰球半决赛中，美国击败了苏联。敌人，苏联红军冰球队，是连续四次获得奥运会金牌的卫冕冠军，美国冰球队则是由业余运动员和大学生临时组建的。当时，这场胜利还没有被称为"冰上奇迹"，但鲍勃已经预见了即将到来的爱国主义热潮。

此前一年，苏联入侵阿富汗，美苏在政治上短兵相接；同年，伊朗学生占领美国大使馆，拘禁外交官，第二次石油危机爆发。二十世纪七十年代，在令人不安的动荡中结束了。对美国而言，这仿佛是一场清醒的噩梦，梦魇的开端是六十年代末的反越战潮。浪漫的革命热情消散后，社会陷入石油危机带来的漫长的经济滞胀，又被笼罩在尼克松水门事件的阴影下，旧有的道德范式与文化秩序遭遇质疑，在各种平权运动中渐次解体。"民众对一切失去了信心，"在一九七九年七月十五日的演讲中，吉米·卡特总统说道，"这是美国民主面临的根本性危机。"面对聚集在电视机前的美国群众，他呼吁大家重拾信心。

在长期低迷的政治经济氛围中，普莱西德湖的这场胜利像一个出口。鲍勃·普利普斯无疑是最早来到出口的人之一。他回到公司，找到柯克·博兹吉安、设计师罗恩·鲁达特（Ron Rudat）等人，告诉他们，现在就是重启特种部队的最佳时机。团队找来了另一家公司出品的六个 3.75 寸巡警人偶，改装成军绿色，配备上黏土弹药袋、黏土枪和坦克。

这支临时组建的队伍的第一个任务，是接受斯蒂芬的检阅。根据柯克的回忆，公司管理层在会议室里熬了两三个钟头，为了给讨论带来新的兴奋点，他的同事戴着铁皮头盔，挥舞马鞭，像巴顿将军一样进场，捶着桌子吼道："我们要干掉敌人！要让你们见识一下，特种部队史上最棒的新系列！"在这种戏剧化氛围中，他们的小军队登场了。接着，是一阵沉默。

"不行。"斯蒂芬·哈森菲尔德往后一靠，说道，"你们还是没有说清楚，它到底怎么让孩子们感到兴奋。"

会后，团队有两周时间完善重启方案，必须重新审视可用的资源：他们没有资金启动《星球大战》那样的电影；而通常倚赖的玩具广告又受到诸多限制，比如，最能吸引孩子们的是动画和特效，但法律规定广告中动画和特效只能出现一小会儿，其余时间必须呈现玩具本身。不过，团队发现法律并没有限制漫画广告，当时没有人用电视广告宣传过漫画。因此，他们可以先用漫画讲述特种部队的故事，然后用电视广告宣传漫画——这就是他们的秘密武器。他们找到了漫威。

这套方案提交给斯蒂芬·哈森菲尔德，柯克回忆当时的情境："斯蒂芬目视前方，一声不吭，我们心想这次又完了。然后他说，你们挑战成功了，我要去见父亲……我们后来才知道，他到了他父亲的墓地说，特种部队回来了。"

特种部队消亡史

重启特种部队的项目代号为"点火起飞计划"（Operation Blast Off）。之前的特种部队只是普通的美国大兵，没有来历没有姓名。现在，罗恩·鲁达特设计了十二个士兵，带着这支部队，他们与漫威进行具体的商谈，在一九八〇年的那个会议室里，遇到了拉里·哈马。在拉里提出"它们跟谁打"这个问题后，特种部队宇宙正式诞生。后来，罗恩创造了更多的人物，还设计了最大反派眼镜蛇的标志。

一九八二年，特种部队驾驶着坦克（M.O.B.A.T., the Multi-Ordinance Battle Tank，特种部队一坐上，坦克就会启动，通过控制驾驶员，坦克可以前进、后退或转弯）扫荡玩具市场，夺回了中产阶级家庭的后院，特种部队的第二个辉煌时代到来。二十世纪八十年代，美国的主题是善恶之争。在总统就职演讲中，里根把繁荣国家的使命赋予普通人，"说现在这个年代没有英雄的人，只是不知道英雄在哪儿。"特种部队新系列的名称，从上世纪六七十年代的"特种部队：美国可动战斗士兵"换成了"特种部队：美国真正的英雄"。

一九八四年，特种部队系列推出鲸艇，全称"战士悬停攻击发射大使"

（Killer W.H.A.L.E.，Warrior Hovering Assault Launching Envoy），这艘气垫船拥有可旋转的螺旋桨，装备深水炸弹、海上滑板、陆上巡航摩托，除了驾驶员和炮手之外，船上还运载着作战小队，随时准备从装卸通道登陆。一九八五年，旗舰号航母面世，这款以"尼米兹号"航母为原型的玩具长达两米半，成为特种部队鼎盛时期的象征。

　　辉煌之后，是现实素材的枯竭。特种部队的载具越做越大，甚至复制了航空母舰与航天飞机，可是下一次要推出什么呢？一九八七年，在孩之宝推出蛇族祖先后，特种部队系列迎来又一次低谷。提及奇诡的蛇族祖先，多数人会语带嘲讽，或报以困惑不解的表情，但将它放到现代可动人偶的谱系中去看，就会发现这个尝试其实呼应了时代的暗流。自《星球大战》以来，幻想故事逐渐压过了写实风格的故事，那些富有想象力的人物设定和恢宏复杂的架空世界，不仅吸引孩子们，也让越来越多的大人着迷。在穷尽现实世界的素材后，军事主题可动人偶的魅力与光晕逐渐消散。经济全球化也影响了这一进程，为了将玩具销往世界各地，玩具蕴含的现实政治元素必然要被削弱，取而代之的，是架空世界中去政治化、放之四海而皆准的善恶对立。上世纪八十年代末，游戏机兴起，在与游戏机的对决中，多数可动人偶败下阵来，唯一占尽风头的是那四只喜欢搞怪的忍者神龟。再往后几年，麦克法兰、DC（Detective Comics）与漫威的超级英雄角色轮番出场，占领了可动人偶的主流市场。

　　在陷入茫然的时刻，艾伦·哈森菲尔德，那个小时候说"我不想玩男孩的芭比娃娃"的人，接替了去世的兄长，接管孩之宝。对于特种部队——由父亲开启，在短暂停产后由兄长重启的系列——他没有太多的感情。一九九一年，他为了重振特种部队的销量加入了弹射型武器，在此之前，孩之宝一直出于安全考虑没有这么做——曾经有小玩家朝自己的嘴里发射弹射型武器。提及这一决策，艾伦说："不管它背后有什么文化上的含义，是否会让某些人深感不安，这都是一个正确的商业决定。"

二十世纪九十年代初，孩之宝推行了更多变革，特种部队再次突破军事题材，俨然二十多年前前辈特种部队面对反战浪潮时的选择。每一次大革新都面临诸多指责，玩家们批评孩之宝背离了特种部队的真正内核。"但改变是必需的，"柯克回应道，"在玩具生产者的历法中，三年就是一个世代。"从渴求到获得，到终日把玩，最终失去热情，孩子们的世界中，这一切发生得缓慢又迅速。为了延续特种部队系列，他们必须根据文化与政治氛围的变化推陈出新。对孩之宝而言，发生在九十年代初的重要事件，是海湾战争、苏联解体与冷战终结、环境和毒品问题给世界带来与日俱增的危机感，以及孩子们兴趣的变迁。研发团队将特种部队视作由PVC制成的语言，通过它输出价值观。

一九九一年，佩带水枪的环保战士加入特种部队。"大自然正受到眼镜蛇的攻击，只有特种部队才能挽救它！"

一九九二年，孩之宝与学校联合推广缉毒部队。

一九九三年，特种部队与当时风靡全球街机厅的游戏《街头霸王》推出联名可动人偶。在配色上，特种部队的服饰也从写实的战术迷彩，转向鲜亮的霓虹色。

那几年中，特种部队的销量高歌猛进，然后，在一九九四年突然销声，停止发售。同年，《特种部队》漫画终止连载——十二年间，共推出一百五十五期漫画。

关于特种部队如此突然的覆灭，玩家们一直有很多猜测。其中很重要的一个原因是，孩之宝在艾伦·哈森菲尔德的领导下，先收购了肯纳公司，获得了大量玩具版权；接着卢卡斯宣布重启《星球大战》系列电影后，孩之宝以极大的代价取得了《星球大战》的玩具授权。星战系列成为孩之宝的宠儿，而特种部队则被当作弃子。或许，艾伦·哈森菲尔德已经察觉到，超级英雄和电子游戏正在崛起，军事题材可动人偶的第二个黄金时代已经走到了尾声。

特种部队的研发团队被撤裁，柯克伤感地说道："我曾管理价值两亿五千万美金的业务，现在变成了管橡皮泥的了。"一九九九年，在《星球大战前传1：幽灵的威胁》（*Star Wars: Episode I-The Phamtom Menace*）上映的同一年，特种部队曾经的人物设计师罗恩·鲁达特被开除。

尾声

多年后，在纪录片《玩具之旅》（*The Toys That Made Us*）里，罗恩·鲁达特坐在他的小工作室中黯然地说："我拼了命地工作。"他挠了挠稀疏的白发，又说："我不知道，事情就是这么发生了。"

在他身后，电脑屏幕上还展示着特种部队人物设计稿；他设计的眼镜蛇标志的木雕倚靠在角落的橱柜里，特种部队玩具的背景板挂在满满当当的架子上；他身前的桌上，颜料管和黑白素描的草图压在一个蓝色文件夹上，文件夹的书脊上印着特种部队的标志。

二〇一七年五月，斯坦·韦斯顿去世。此前不久，他留下了这样一段音频："希望它不会来得太快，但最终我还是会走到人生的尽头。那一刻到来时，头版标题会是：'特种部队之父逝世'，这就是我所有的满足了。"半个世纪前，他带着价值上亿美元的创意来到罗得岛州，然后，由唐·莱文落实，在哈森菲尔德家族的大胆决策下，创造了特种部队，开启了现代可动人偶的历史。当年，那个还叫作"哈森菲尔德兄弟"的公司给了斯坦·韦斯顿两个选择，十万美元买断版权，或是五万美元加百分之一的版权费，他选择了前者。

主导了特种部队第二个辉煌时代的是柯克·博兹吉安与拉里·哈马，他们有时还会组成二人小分队，在特种部队展会或聚会上讲述玩具背后的故事——从最初的无名刀疤脸战士，到奋战在各种极端环境的冒险队员，再到孩之宝与漫威合力打造的特种部队宇宙。

如今，特种部队早已不再拥有二十世纪六十年代或八十年代的风光，不过，孩之宝以及获得特种部队版权的各家玩具公司，还是会不断推出这个系列的经典人偶。每一年，粉丝们仍会聚集在"特种部队大会"（G.I.Joe Convention），听柯克与拉里讲过去的故事。在大会上，玩家们交换玩具、展示自己改装的玩偶，或是化装成某个角色的模样。二〇一六年的大会上，两个姑娘打扮成眼镜蛇指挥官的模样，打出海报："让美国再次强大，给眼镜蛇投票！"

他们或许还会想起，小时候的自己是如何布设战场、如何指挥作战的，在圣诞节又如何把自家的房子想象成眼镜蛇的老巢，让特种部队坐着坦克，驶过门口的积雪，长驱直入，冲进防守严密的大门。长大后，他们还会记得那些杂糅了想象与现实的战斗和冒险，而当年埋在后院而遗失的玩具，则永远地留在了那里。▲

参考资料

1. 罗宾·格博著，程艳琴译，《芭比传奇：一个举世闻名的娃娃和它的创造者的故事》，机械工业出版社，2010。
2. Jonathan Alexandratos, ed. *Articulating the Action Figure: Essays on the Toys and Their Messages* (Jefferson: McFarland & Company, 2017).
3. Christopher Irving, ed. *Larry Hama: Conversations* (Jackson: University Press of Mississippi, 2019).
4. Don Levine, John Michlig, *GI Joe: The Story Behind the Legend; An illustrated history of America's greatest fighting man* (San Francisco: Chronicle Books, 1999).
5. Tim Walsh, *Timeless Toys*: *Classic Toys and the Playmakers Who Created Them* (Kansas City: Andrews McMeel Publishing, 2005).
6. Jo Holz, *Kids'TV Grows Up: The Path from Howdy Doody to SpongeBob* (Jefferson: McFarland, 2017).
7. Karen J. Hall, "A Soldier's Body: GI Joe, Hasbro's Great American Hero, and the Symptoms of Empire", *The Journal of Popular Culture,* 38(1):34-54, July 2004.

花园人 Gardener：
炸开潮玩宇宙

文 / 祉愉

踏入五十岁，香港 "Figure 教父" Michael Lau（刘建文）说要缓一缓，全心投入另一种创作媒介。一九九九年，他因创作出九十九个 "Gardener"，一炮而红，几乎以一人之力开创设计师玩具这个领域，一晃眼二十年过去了。

在寸土尺金的香港，文艺创作者往往栖身观塘工厂。Michael 早年用四百万港币买下其中一套房，偌大的工作室门口，摆放了一只近三米高的巨型作品，而占了一整面墙壁的展柜中，满满是 Gardener。Michael 一身黑色卫衣，搭配卡其色裤子。除头发变短，他身上看不见岁月的痕迹。

"四十而不惑嘛，五十知天命，figure 始终是创作的媒介，那时候好中意，因为后生又新鲜……做了二十年之后，其实都有些闷。" 短短一分钟之内，他重复了三次 "闷"，他估算自己创造了近千只人形玩偶，相当于别人做几辈子了。

鸡农的孩子：他的花园

千秋万世都有开端。几乎没有人记得，Figure 教父曾是鸡农的孩子，

Michael Lau

年幼时期，他的花园就是他追寻快乐的地方。"Gardener"一名就来自这段记忆。时光倒流五十年，香港最北部的上水，仍是一片阡陌农田。要想前往繁华的九龙旺角市区，要在吐露港公路塞上动辄三小时的巴士。

家里穷，连坐车的钱也得省，自然负担不起玩具。兄弟姐妹六个，排第五的 Michael 是个怕闷又有点皮的孩子，偏偏父母不让他外出玩耍。

鸡舍成了他的花园。不用帮忙喂鸡的时候，他像所有农家孩子一样爱跑、放纸鹞，抓蝌蚪、草蜢，也踢球。闲时，他跟两个兄弟忙着在农舍墙上涂鸦，父母也不阻止；买不起大热的《星球大战》玩具，他便用值几角钱的绿色劳工皂雕出一个尤达大师（Master Yoda）；没钱买乐高积木，他吃完雪条，便储藏起一根根木棍，砌东砌西，用泥胶塑出恐龙、飞机、坦克车，无师自通。

十二岁时，因原居住地兴建公路，他家获安置迁入公共房屋。沙田禾輋邨，俗称"井型公屋"，光线射入幽暗的方形天井中。在这里，他还是满走廊涂鸦，人人都知是他。从少到大，他成绩不算好，喜欢踢球和追女生，只有美术考第一。

穷人的孩子早当家，中学毕业后，约莫十六岁的 Michael 就出来打工，做画师。九十年代，香港旅游业发达，商家热衷售卖的纪念品是夜景喷画，画师随便喷，油彩都出界了，相当粗制滥造。Michael 职位较低，负责用画笔拭干净喷画边缘。没多久，他嫌人工费太低而离开，但谁也不认识，便去政府辖下的劳工署找工作，适逢一间老牌出版社请插画师，他便跑去画各式教学图。他抱着先将就的心态打份"牛工"（像牛一样勤劳，工时长报酬低），只求够钱吃饭，也没多少创作追求，下班后满脑子追女生的念头。

过了一段时间，Michael 想换工作，便到了离家不远、那年代最潮最红火的日式百货公司八佰伴——一九八四年第一间落户新界的百货公司，一代沙田人的集体回忆——做橱窗设计。他主要负责销售标语，但当时还没有电脑绘图刻字技术，他得先写字，然后在贴纸上逐笔逐划刻出来。部门自成一体，上司放手，他终于得了一些创作空间，不断练字、画画、装饰，橱窗几乎被他做成迷你展览。工作中他遇到投缘的同事，和对方成为朋友。二人同样喜欢画画，相约跑去大一艺术设计学院读插画，半工半读地上夜校。朋友没坚持多久就退学了，留下他和正在萌芽的艺术家梦想。

Michael 与 Maxx：年轻的人生故事

第一个 Gardener 角色 Maxx，身高三十厘米，从来不笑，右耳戴耳钉，身上有许多文身，穿露出四角裤的低腰短裤。Maxx 的外表不像 Michael，但背景故事如出一辙：十八岁，小设计公司的设计助理，做任何事均全力以赴，致力于成为艺术家。

Michael 也是这样说的，年轻时孑然一身，没有成功的法门，只懂得努力努力再努力。

经学院导师介绍，他终于正式跨入专业设计界的门槛，进入了一家日资中型广告公司 New & S，成为绘图员——前一任绘图员就是后来潮流玩具界的另一重要人物 Eric So（苏勋）。New & S 有二十多名雇员，主要接日资公司的平面广告工作，偶尔做电视广告。

一下子接触到真实的广告世界，Michael 几乎目眩神迷。公司里会画画的人不多，故事板、设计、插图，他通通包揽，对接的甲方也都是大企业，如崇光百货、佳能、三洋电机公司，这相当于有人出钱供他学习。他天天画画，技术日益精进。

半工半读期间，Michael 忙得像陀螺，但也没停下艺术创作。他们一家九口仍挤在禾輋邨公屋内，数十平的空间捉襟见肘，摆放了几张上下铺，他与弟弟睡一张；至于桌子，小得连油画颜料都铺不开。

他把一天掰成三瓣用：早上九点到公司工作，下班去大一艺术设计学院上课，晚上就躲在办公室通宵作画。夜晚的办公室没有冷气，燠热熬人，他也忍下来，甚至曾为一幅画几天几夜没回家。画好了，没地方放，他就把一张张色彩强烈的画作挂满整个公司，老板佐佐木先生相当赏识他，任他挂，还特地把公司钥匙留给他，容许他留下来。

九十年代是广告业最好的年代，有接不完的单子。Michael 用尽每分每秒工作，每月全职工作收入才七千五港币，略高于平均水平，但额外收入最少一万，有时甚至高达五万。当时他也迷上了收藏玩具，特别是特种部队。

广告业前辈怂恿："你咁（这么）多作品，不如开展览。"他常常去艺术中心看展览，早已跃跃欲试。

一九九三年，二十三岁的 Michael 拿出四万元，办了人生第一个艺术展览。然而，展期数天内，参观者寥寥。他形容当年的艺术界像一池死水，回想起来说自己太年轻，资历浅，非纯艺术科班出身，作品也不够好，所以不被当作艺术家。

只有一帮朋友来访，他们嘻嘻哈哈，一起吃薯片，饮汽水。他说得轻巧："细路仔唔识（小孩子不懂）失落，纯粹自己中意。"老板佐佐木先生不仅支持他，允许他上班期间早点离开，还花两千元买下他一张画。人生破天荒首次靠艺术谋生，他开心得不得了，至今心存感激。

不过，最重要的是遇上贵人——后来王家卫的御用摄影师夏永康。他来看展览，一见 Michael 的画作，便说了一句："死靓仔你真系 OK 喎（臭小子你真的还可以）。"夏永康决定好好帮一把这个后起之秀，向他介绍各路人马，包括涂鸦艺术家、滑板玩家、DJ、饶舌歌手等，让他攒下人脉网络的基础。也是夏永康肯定他的能力，教导他何谓艺术，如何处理作品，如何做一个展览。夏永康告诉当时年轻的 Michael，他所做的工作非常接近艺术。

那一年，双人组合"软硬天师"在商业电台主持节目，要推出唱片《广播道 Fans 杀人事件》。封套上的唱片名想模仿街头艺术家"九龙皇帝"曾

Michael Lau

灶财的毛笔字，两人正在物色设计师。夏永康得知消息，便向"硬天师"林海峰介绍了 Michael，林海峰说叫他来试试。

在八佰伴练字的功夫派上用场。Michael 抵达商台工作室，便沉默着拼命抄写歌词，不眠不休地创作，通宵两夜，吓倒了林海峰。十多年后，林海峰在纪录片中提到，对 Michael 的记忆凝练成一道不曾移动的背影："我谂艺术家就系有呢啲特质（我想艺术家就是有这种特质）。"Michael 写字只为摸索、拆解并模仿九龙皇帝的运笔，直至自己成为他。

一九九六年，Michael 举办第二次个人画展"Water Garden"（水下花园）。即使他每年参加比赛，已获夏利豪基金的"最有前途艺术家大奖"，来的人还是不多。当时他感到前路茫茫，才以一群水中自由畅游的人为题，其中一幅画红蓝色彩强烈，描绘水底下双目紧闭的自己。

据潮流周刊《东 Touch》后来的特刊记载，这次个展启发了 Gardener 概念——"在水下花园的人，别人看他，他看别人，都是古怪而扭曲的"。外界纷纷扰扰，他潜入水下，要以另一种角度，创造出一个小世界。

Gardener 的小世界：他的朋友圈

两年后，由广告界跳槽去《东 Touch》工作的朋友，问 Michael 有没有兴趣画连载漫画，他立即答应。当时《东 Touch》以调皮风格出名，销量最高时达九万多册，栏目"漫画全接触"下聚集一批新晋漫画家，包括"香港独立漫画之父"利志达。

"Gardener"不仅是漫画名称，也是 Michael 的署名，故事线相当无厘头：主角 Maxx 要与死党在滑板场上一决高下，偏偏当日下雨，比赛不了了之。

他习惯等主编催稿了，才在死线前一晚下笔。创作时没想太多。他的手绘图上常留有擦掉的铅笔勾线的痕迹，画稿一时彩色，一时黑白，一时单双色，随意得不得了。如果想不到画什么好，他便索性把朋友当题材——一群年轻人傻傻的，长得够丑，又够可爱，生活趣事多，最好不过了。

在 Michael 眼中，自己画的不算漫画，算是插图式故事，连载了十三回就结束了。没想到作品反响不错，甚至有读者致电杂志社询问可有玩具产品。

《Gardener》能成功，也因吻合了潮流。正巧九十年代刮起强劲的嘻哈风，街头文化先后席卷东京、纽约、香港，年轻人喜好不羁的衣着风格，将之视作崇尚自由与自我表达的方式。

年轻时谁没些棱角？在旧照中，Michael 神情要是再桀骜不驯一点，就像动漫中的主角，身边总有一群从小玩到大的朋友。Michael 把自己的朋友变成 Gardener：青春的少男少女，神情倔强，造型线条简洁利落又刚硬，性格也有棱角，他们文身，穿街头潮牌，爱玩滑板——Michael 本身不玩滑板，但他撷取了街头文化的精髓，如饶舌般说："中意呢样嘢（喜欢这个东西），中意个 style，中意个性格，中意个气氛，中意个自由，因为年轻人就应该是这样。"

热爱滑板的另有其人：地下摇滚乐队殉道者（Martyr）的贝斯手 Prodip（梁伟庭）。他也在 New & S 工作过，辞职后又回去探班，一见 Michael 挂的画，惊叹："哇！边个画咁劲（谁画得这么厉害）！"

二人一拍即合，Prodip 把 Michael 带进地下音乐圈，结识一帮屋邨长大的音乐人，俗称"屋邨仔"。他们意外地投缘，便厮混在一起，聚会、踢球、闲聊、饮茶。后来数支独立乐队在一九九九年组成香港嘻哈音乐鼻祖 L.M.F，俗称大懒堂，Prodip 也是成员之一。与"软硬天师"一样，大懒堂是最早把嘻哈音乐带入主流的音乐人，他们在一九九九年以掺杂粗口、争议颇多、反映时弊的饶舌歌词爆红。

Michael 将现实中的一些朋友统统变成 Gardener，组成一个年轻人渴慕的朋友圈。在早期那些《Gardener》中，Prodig 是时装店老板，爱识女生，裸着上身；大懒堂 DJ Tommy（张进伟）化身蒙眼而可爱的大男孩，在 Gardener 世界中同样是世界 DJ 大赛冠军；Uncle 三十岁，经常游走在潮流边缘……有些角色青春又孩子气，如史上最烦最嚣张的 Mono，又如专门为 Gardener 顶罪的四人组，他们像罪犯被捕一样头戴纸袋。

Michael 还曾以平面设计师 Godfrey Kwan 为原型创作 Gardener，拉长其手脚比例，配上他常戴的渔夫帽。因为真人爱抽烟，Michael 造了一块透明的胶云，套到人偶三角形的头上。

众友中，他只挑样貌古灵精怪、头大眉粗、眼尖鼻尖的人，这样造出来才好玩，才有性格。他从不造帅哥，嫌弃他们长相千篇一律。"如果唔系（不然），全部美少女漫画一样，点分（怎么分辨）？"

如果要用一个字形容 Gardener 的外观，那就是酷：外表凶神恶煞，或戴粗铁颈链，或赤裸上身，或穿卫衣，好些穿极低腰的七分裤，露出一圈四角裤，无一不穿球鞋或帆布鞋，全部爱好滑板、滑水或涂鸦。他们表面上像是流氓坏孩子，但骨子里率直、简单而易于信人，某种程度上与 Michael 相似。

玩具厂牌 How2work 的创始人 Howard Lee（李浩维）在上世纪九十年代也为漫画杂志工作，他指出《Gardener》与井上三太笔下的《东京暴族》一脉相承，故事内容不重要，只需要够独特有型，能画出滑板文化的精髓和身穿潮牌的人物。

一脚踩入玩具圈：初制人偶

Michael 有了钱，想挥霍，自然喜欢上玩具。New & S 位于港岛购物区铜锣湾，Michael 那时压力大，常加班，但好在他的工作只问结果，时间自由，他还能不时在日间偷懒，去逛湾仔玩具街减压。

一九九八年《Gardener》漫画第一张草图

一九九八年《Gardener》漫画系列一，在《东Touch》杂志连载

湾仔太原街本是街市小贩聚集地，后来意外成了玩具街。上世纪七十年代香港玩具制造业发展迅速，工厂流出许多样品或瑕疵品，而玩具街那几间店，便在一箩箩便宜货中，挑出具备收藏价值又罕见的旧玩具，再高价卖给来自日本的刁钻玩具迷。

Michael 特别爱收藏上世纪六十年代的 12 寸可动人偶特种部队，他狂热的时候天天去逛，也曾一掷万金。千禧年初，他已收藏有三十箱玩具。

他因此结识好些玩具圈内人。《Gandener》中的角色 Fatwest 简介便写着：十七岁，香港滑板大赛冠军，香港玩具店 "Comix Box" 店员。

Fatwest 的原型是动漫圈传奇人物——香港第一家美国漫画店 Comix Box 的老板卢 Sir（卢子英）。因为中文店名是 "漫画博事"，卢 Sir 也被称为漫画博士。早在上世纪八十年代，他就远赴日本拜访漫画大师手冢治虫，更在一九八四年一手开办香港首家古董玩具店 Time Machine，组织怀旧玩具收藏者聚会和交流市集。

卢 Sir 的太太在 New & S 工作，她跟卢 Sir 提到，有个叫 Michael 的年轻人也爱收藏玩具，希望来店时能拿个折扣。卢 Sir 欣然答允，与 Michael 渐渐熟络。

Michael 也爱看漫画，不过喜好较古怪。他追的法国传奇漫画月刊《重金属》(Heavy Metal) 全香港只有 Comix Box 肯入货，每周来一两次新货，那时他必定出现。

《重金属》也是美国漫画家的摇篮，内容集暴力、性爱、科幻、恐怖于一体，充满浓浓的想象力，风格奇诡。《Gardener》的风格和人物线条也深受其影响，用 Michael 自己的话来说，这本杂志不大众但很有型。其中漫画角色的性格够鲜明，又有艺术性，Michael 受此启发，用黏土雕过一对大猩猩。

一九九七年，也就是 Gardener 人偶诞生前一年，Prodip 的另一支乐队——地下重型摇滚乐队亚龙大（Anodize）——正好推出第三张专辑《可动人偶》(Action Figures)，并邀请 Michael 画唱片封套。那是 Michael

创作的转折点，他想，唱片名叫可动人偶，何不索性创作 12 寸可动人偶？孩之宝推出的特种部队不就是可动人偶的鼻祖？他把五个特种部队兵人改装，使之变身乐队成员，并为它们拍下照片。

这是他人生中第一次制作 12 寸可动人偶，也成为他创作 Gardener 的序曲。

潮玩圈摇篮——玩具嘉年华：十个 Gardener 初现

上世纪九十年代之所以流行收藏玩具，与卢 Sir 有很大关系。当时，12 寸可动人偶最火，玩具配件越精致逼真，就越受欢迎。这群玩具发烧友频频见报，接受媒体采访；与此同时，潮流纸媒影响颇大、销量强劲，其中《壹本便利》每周保持十七万销量，其漫画版记者天天忙于找新料，卢 Sir 也每周在上面撰写专栏。

一九九六年，《壹本便利》记者知道卢 Sir 有许多朋友是玩具藏家后，便提议，不如开设香港玩具会。对方甚至愿意提供报馆作场地，条件只有一个：为杂志撰写最新圈内潮闻。

卢 Sir 想也没想就答应了。香港玩具会也风风火火地办了起来，目的是聚集一群收集怀旧玩具的藏家。但无心插柳柳成荫的是，这次聚会竟把后来潮玩圈的中坚人物聚到了一起：初出茅庐的 Michael，还有 Eric So，后来创办 threezero 的锋哥王剑锋（Kim Fung Wong），以及创办 Hot Toys 的陈浩斌。

大家每月聚一次，每次均有二三十人出席，高峰时期会员有一百人。成员各有收藏偏好，从特种部队、小露宝，到各种超级英雄，应有尽有。

如今 threezero 年收入已经达到九位数，但说起当年香港玩具会的盛景，锋哥还是会兴高采烈地拉开办公桌下方的抽屉，翻出相册，展示旧照

玩具聚会中的 Michael Lau 和 Eric So（右上一、二）

片——在二十来人的小团体中，Michael 显得青涩，所收藏的特种部队都摆在桌上，话不多，只埋首创作。

一九九七年香港回归，这群玩具发烧友办了第一次展览。他们把华润展览中心的空间对半开，一半按主题展出各人的珍藏，另一半是玩具市集。这次展览名为"九七同欢齐玩玩具嘉年华"。

锋哥本来邀请了一个特种部队厂商展出收藏，孰料在展览前一周，对方爽约了。锋哥想到，Michael 曾为亚龙大乐队设计唱片封套，并模仿乐队成员制作了几个人偶，造型精致，有真人神韵，相当惊艳。他便怂恿Michael："你做果几个公仔咁鬼靓，不如拎出黎摆啦（你做的人偶那么美，不如拿出来吧）！"

既然锋哥邀请，Michael 便带上了亚龙大乐队的五个人偶前往会场。然而，观众是奔着超合金玩具去的，即使锋哥奋力向媒体介绍 Michael 的人偶，留意的人仍然不多。

翌年，展览又要办第二届。锋哥消息灵通，打听到 Michael 根据《东Touch》的连载漫画试造了 Gardener 公仔后，又打算邀约。

那时广告界开始衰落，Michael 多了点闲暇，便开始把《Gardener》漫画角色立体化，手工制作成 12 寸可动人偶。

第一个角色 Tattoo 诞生了，灵感来源于大懒堂多文身又有型的成员。当时很少有人偶不穿衣服，Michael 索性让这个人偶赤裸上身，文身满满，角色简介则是：二十五岁，文身店主，经常拿自己做试验，失败收场。

Michael 租住在鲗鱼涌的公寓，把卧室当工作室。晚上潜心创作时，如果灵感浮现，手边却什么材料也没有，便急忙跑到街上，买来芭比男友肯尼（Ken）之类的玩具，东拼西凑，第一个作品便是这样组合成的。小时候拆收音机的经历令他相信拆就能拼，后来他又拆开特种部队，研究其关节构造。他常去湾仔玩具街、上环的相熟旧铺头寻找物料。可以说，没有特种部队和肯尼，就没有 Gardener。

人偶的头部用专门的树脂材料进行雕刻打磨，身体部件来自现成玩具，文身则手绘，只有剩下的潮牌衣服和配件最令他头痛，但这偏偏是 Gardener 的灵魂。好在踏破铁鞋无觅处，深水埗——《攻壳机动队》里赛博朋克街道的原型地——有他需要的一切。褪去科幻色彩后，这个地方在现实中是最贫穷、全球人口密度最高的旧住宅区。

有一阵子，他天天去专门集散布料的钦州街小贩市场，那里俗称"棚仔"。棚仔遮天蔽日的深绿色油布下，数十个档口密密匝匝，一卷卷布料竖起，隔出纵横交错的走道。在这里，一个档口就可找到数百种布料，其货源是大厂房剩下的零星散货，价格相宜，被誉为"时装及设计圣地"，最适合手作人散买。12 寸人偶的衣服颇为迷你，不足二十平方厘米的布料就够做一件，一码布都嫌太多。Michael 穿梭在布棚中，挑挑拣拣，用完布料，就再去一次。到了后来，他索性放弃买布，就在旺角花园街的布档口买几件数十块钱的衣服，剪烂来用。

买了布，就得找师傅缝制迷你衣衫。Michael 壮着胆子找布行，去到哪里，就问到哪里，最后连窗帘店也不放过，一进门便问师傅："喂，我想车衫仔，你车唔车（我想做小衣裳，你缝吗）？"没想到对方竟爽快地答应下来。后来去多了，他才知道师傅以往也是做人偶衣衫出身，是上世纪七十年代香港玩具业的缝纫高手。

至于配件，Michael 喜欢用现成的。取材地是深水埗鸭寮街——平价电器和电子零件的宝地，也是《无间道》中刘德华与梁朝伟谍对谍的音响店所在的地方。他本来十分苦恼，不知黑人人偶 Jordan 的爆炸头该如何做，但逛着逛着，他看见海绵话筒套，买下来往人偶头上一试，竟完美贴合。早期不少 Gardener，如 Maxx、Prodig、Brian，均裸着上半身，戴着颈链。他也爱在鸭寮街买几颗螺丝，用扳手一扭，做成细铁颈链。

Michael 乐此不疲，只期望有人欣赏。一九九八年第二届玩具嘉年华的小小会场上，十个 Gardener 首次面世，同场还有 Eric So 的李小龙人偶。

《东 Touch》旋即邀请 Michael 再连载十期《Gardener》，这次以实物剪贴，拼出一格格漫画。

玩具嘉年华展期只剩两三天，卢 Sir 盯着位于尖沙咀的 Comix Box 店面，若有所思。那里有一个五六米长的落地大玻璃柜，本来定期更换新货做展示，但现在正巧空着。他起了个念头，跟 Michael 说："不如我界个空间你摆啊十几个公仔，你摆得靓啲，就可以多啲人睇到，摆到几时都得（不如我把空间给你放那十几个人偶，放得漂亮些，让更多人看到，放多久都可以）。"

Michael 也想试试水，便毫不迟疑地答应了。除了十个 Gardener，他还兴致勃勃地把时装店现成的模型改装，按照《Gardener》中角色 Brian 的模样，制成一个真人大小的人偶，将其立在店门外，做宣传招牌。

嘉年华会场上，早有参观者想购买 Gardener 产品，Michael 索性推出三类产品：明信片卖一百五十元；手造的衣物配件，三百八十港币一套；十款 12 寸 Gardener 人偶，每款限量十只，印有编号，接单制作，一只两千八百港币，隔一段时间推出一个角色。所有包装都是 Michael 自己影印、粘贴而成。

卢 Sir 与有意购买的客人接洽，得知好多人有兴趣，但他们一听人偶价钱就嫌贵，毕竟三千元几乎等同于普通打工仔三分之一薪水了，不是谁都买得起。相较而言，Michael 另外在锋哥店面寄卖的十来套配件套装则在一个月内卖光了，套装包含全套衣衫、滑板和球鞋，只卖六百八十八港币。Michael 手造的非卖品展示盒也有人问价，这简直超乎想象。锋哥这才意识到，除了美日漫画玩具以外，本地设计师的玩具也有市场。

后来，因为重复制作沉闷且费时，Michael 感到疲惫。最终，十款 Gardener 中只出售了三款角色，包括 Maxx 和 Tattoo。卖了三十个人偶后，一切不了了之。

香港人未必识货，反而日本人独具慧眼，因为日本手作玩具文化底蕴深厚。展后，Michael 去过日本的几个设计师联展。一九九八年十一月二十四日，日本表牌 Neatnik 在东京六本木举办产品发布会，并请 Michael 特制五个 12 寸人偶在开幕礼展览。

卢 Sir 懂日文，便讲义气与他同去。与 Gardener 相当不同，Neatnik 人偶身体呈灰色，头部像肯尼，粘上眉毛和眼睫毛后，颈部明显露出一道拼嵌的痕迹。人偶穿黑色西装，戴着迷你 Seiko 手表，不过仅在东京六本木昙花一现。二〇一九年 Neatnik 人偶在 e-Bay 拍卖，标价高达二万九千五百美元（近二十一万人民币），比黄金还贵。

吾道不孤。十个 Gardener 像掀起飓风的蝴蝶，让香港玩具圈中人察觉到改变的苗头。另一个后来在潮玩圈有巨大影响力的设计师组合"铁人兄弟"也去了当年的嘉年华，并默默立下自己做玩具的志愿；锋哥受到启发，在同年开始制作首件作品——飞虎队配件套装。Michael 甚至一手促成了 threezero 的诞生。

与此同时，广告业的巅峰时期渐渐过了。公司不景气，辞退 Michael，他便潜心筹备第三次个人展览，做九十九个 Gardener，使之形成一个小社区。

这一次，他直觉要"搞大佢（把它做成大事）"。那时，恰好他申请艺术发展资助，获得四万元。算来每只人偶成本约五百港币，这些钱刚好够付材料费。他下定决心，窝在卧室中，凭一口气密密造 Gardener，几乎不眠不休，足足闭关一年。

没有人想到，这个展览将像一颗炸弹，炸开潮玩大时代。

九十九个 Gardener 面世：潮流玩具盛世

一九九九年九月二十九日晚上六点，Michael 的第三次个展在香港艺术中心四楼隆重开幕。

Michael Lau 一口气展出九十九个 Gardener。五天展期内，足足有六千人到访，甚至要排队入场。国内外艺术、玩具、时装界闻声而至，连日本潮牌 Bape 的创办人长尾智明也慕名而来。

二十年后，Michael 在 Instagram 上贴出了当年的旧照，如今的他除了胡子长长外，与当年毫无二致。艺术中心展馆洁白无瑕的空间中，一整排造型各异的 Gardener 伫立在白色玻璃展柜上，气势如虹，年轻的 Michael 就自豪地站在作品前。

展览以"Crazy Smile"为题，九十九个 Gardener 中，包括十二个固定角色，每个角色有四款造型，分别是标准款、滑板款、浪人款和雪板款；展览还额外推出大懒堂乐队特别版，这些人偶以反派形象登场，黑皮肤，五官像以"反白法"印上去的一样；除此之外，还有据日本电视台 Logo 造出的新角色 Eyer、几个身穿篮球衫的运动员 Ballman、涂鸦队队员等。大家组成一个小社区。到了这个时候，灵感走得阔了，角色的来源已不只是朋友了。

Michael 苦思冥想，为展览策划了几种产品：印有十二个 Gardener 角色的 T 恤，两百港币一件；特邀大懒堂为展览创作的迷你专辑，其中收录新歌，唱出 Gardener 世界的故事，只卖五十港币，限量五百份。

6 寸 Q 版搪胶 Tattoo 后来则成为玩具界神话。从前搪胶玩具制作成本低廉，技术所限，成品较粗糙，市场不看好。Michael 把搪胶玩具做了精致化处理，使之成了高级收藏品。

12 寸人偶 Tattoo 自面世以来，已有多人问价，偏偏人偶制作不易，工厂开模造价高昂，Michael 忽发奇想："不如变一半，咪平点啰（把尺寸缩小一半就便宜一点）！"他自己常常买二百元一只的搪胶玩具，深知其价格低，容易被大众接受，于是他花了好几个月，投入几万元，找东莞厂家承包制作，准备在会场卖一千只彩版，五百只黑版，每个人偶售价一百五十港币。

一九九九年，Michael Lau 展出九十九个 Gardener

花园人系列（Gardener）

展会前，Michael 忐忑不安，还特地去了联合广场，摸到锋哥的店铺"Toon House"。他忧心忡忡地说："锋哥，我做咗（了）个公仔,到时卖啰。"锋哥附和："展览梗系（当然）要有嘢（东西）卖，公仔要整！"Michael 这才说出忧虑："唔知点解，我惊卖唔晒（不知为何，我怕卖不完）。"

一九九九年，潮流玩具才刚刚有了市场，一千五百只人偶似乎太多了，风险确实不小。不过锋哥曾在店内卖 Michael 的产品，心知就算标价六百八十元，也有客源，便安慰道："Michael 你都几受欢迎啊，唔会唔卖得嘅，你啲嘢啲人都受，搪胶又唔系太贵（你多受欢迎啊，不会卖不好，别人都乐意买你的作品，搪胶又不贵）。"

没想到，展会开卖当日便大排长龙。可是东莞生产商意外延误，交不到货。在 Michael 一筹莫展之际，熟悉这一行的锋哥心生一计：没现货也不可能不卖，没办法就预售！二人急急议定流程：订金一百，货到便以电话通知，顾客可到锋哥店面自取。说罢，两人就往三联书局赶，买来现成收据。

公布预售那一刻，锋哥目睹争先恐后、挥舞着百元红钞的人群，场面混乱，他当即踩在展场台上，登高一呼："大家排队！"两天之内，所有 Tattoo 人偶售罄，后来被炒卖，价格还升了十倍。为表支持，夏永康也帮忙制作了六百张 Gardener 海报，当时高达海报才二三十元一张，每张 Gardener 海报大胆定价一百元，同样被一扫而空。

说起 Michael 的展览，锋哥像聊自己的事一样开心："钱固然之，但最开心系嗰种 surprise，冇谂到效果系咁好（钱是一方面，不过最开心的是那种惊喜，没想到效果那么好）。"

展览像平地一声雷，Michael 红了。各地媒体连番前来采访，风头一时无两，展览也移师到东京、纽约。各类合作不断，Michael 忙得不可开交。随后，他成为索尼旗下创作人，三年内将作品推向日本市场，一年跑五个日本城市开展，高峰期时甚至一个月飞几次日本。不仅如此，连日本传奇组合 SMAP 的 MV 也出现了 Gardener，帮 Michael 收获了一群长情的日本粉丝和收藏家。

Howard 也是展览的观众之一，见证了 Michael 在短时间内从默默无名到推动全世界设计师玩具浪潮的全过程，思潮涌动：以前会觉得，不是万代，不是美泰，不是孩之宝，你根本没机会做公仔；而且公仔不是做一百万只，只是一二百只——原来一个玩具设计师都可以做。两年后，他自工作多年的漫画公司离职，决意开创自己的厂牌 How2work，在设计师与生产商之间担任中间人角色。

像蝴蝶扇了一下翅膀，Michael 的创作在全球玩具圈刮起台风。这股玩具潮流被命名为"香港搪胶"（Hong Kong Urban Vinyl），许多人的生命轨迹因此改变。

后来，香港玩具会的那一群人，各有各的发展，在一九九九年解散。一九九七年到一九九九年，潮玩酝酿期正式结束。卢 Sir 嗅到苗头：传统玩具失去新鲜感，市场现在正渴求更新鲜、更本土化的产品。他决定自己办一个新的玩具展览。

在世纪初的盛夏燠暑中，"玩具嘉年华"（Toy Con）在八月四日开幕。

热潮将至，Toy Con 将如造浪者，而本土潮流玩具设计师将踏浪而起。

造浪者 Toy Con：造就英雄的时势

二〇〇一年十二月下午五点，在 Toy Con 会场，拍卖会准备就绪。剪彩后，卢 Sir 站在台上，宣告开始。台下摆放着一排排椅子，粉丝和记者早已如伺机而动的猎鹰，涌到最前方，想抢先看到最新的限量拍卖品。

Michael 的 Toy Con 会场特别版玩具登场了，上面还有亲笔签名。众人争相竞拍，一二十个玩具，从便宜到昂贵，一个一个卖出，气氛相当热烈。

压轴商品是铁人兄弟的全粉色手造 Baby 人偶，普通版才定价二千五百元，而这个独一无二的特别版价格越升越高，一万、两万……代拍的人心惊肉跳，紧张地捏着电话，连连追问电话另一端的新加坡买家："三万，落唔落标（下标吗）？"最终，这个买家以三万元的天价夺得 Baby。

Toy Con 打开了潮流玩具市场。

借助人脉，卢 Sir 广邀海外嘉宾，举办各式节目；更重要的是，许多外国买手和分销商也应邀而至，此后这群人每年专程飞来香港。就这样一传十，十传百，玩具设计师的名声在国际上不胫而走。

Michael 最红，吸引力最大，粉丝众多。加上 Eric So，两人就是人流保证。展会三天，Toy Con 不仅每天公布新产品、推出会场特别版玩具，还提供粉丝与玩具设计师现场交流的机会。这令一众粉丝痴狂。为先睹为快，粉丝天天到会场蹲守，心甘情愿掏钱。

拍卖会如神来之笔，将嘉年华的狂热推上高峰。三天内，卢 Sir 特意在每天人流最大的四五点拍卖明星设计师的特别版玩具，往往限量一件。

那四年，Michael 的搪胶玩具新品频频发售，无论是二〇〇〇年七月推出的林奇系列，推迟四个月发售的 Gardener 新系列 Crazy Children，还是大懒堂版搪胶人偶，甚至 Crazy Children 的扭蛋，都毫无例外地卖光。会场特别版玩具在日本、美国网站上转手，价格被炒高一倍是常事。

对玩具设计师而言，会场产品是省下分销商拆账费用的好机会。卢 Sir 凭记忆粗略算出 Michael 的收入：如果他出五款人偶，每款五百个，每个三百八十元，三日里就做了近百万生意。

除了支持明星设计师，Toy Con 还像一个培植坯，不遗余力地扶植新人。新晋玩具设计师可申请免费摊位，展览作品——二〇〇一年铁人兄弟就是如此被发掘，在会场中与现今 Hot Toys 的老板陈浩斌谈成合作。

二〇〇〇年首届 Toy Con 上，本地传统玩具占会场四分之三，原创产品才占四分之一。两年后，Toy Con 一年办三次，分为夏季主展与春冬的

Plug In 分展，参展商已达到五十二家，八成为本地设计者。三天入场人次最多能达一万五千。

合作机会如雪片飞来。二〇〇二年，Toy Con 与玩具巨头迈迪蔻玩具（Medicom Toy）合作推出人偶，连社长赤司龙彦也来港；《时代》杂志来采访 Michael，日本博客主也远道而来，对他做详细报道；铁人兄弟则获邀至俄罗斯办展览。

新事物诞生初期都发展兴旺，各国潮流杂志爱煞 Toy Con，每次都为其制作特刊，变相助长市场的狂热。Toy Con 一年举办三次的频率更保证了热度和曝光率，在短时间内积聚庞大粉丝群。

到了二〇〇三年，众人都察觉到这股热潮烧得太旺——浑水摸鱼者众，令玩具的设计质量参差不齐；跟风者过多，设计风格渐渐变得千篇一律；几乎没有具备潜质的新人，设计师玩具圈渐趋饱和。

二〇〇三年，非典疫情重创当地经济，香港被定为疫区，Toy Con 停办。与此同时，香港本地玩具市场萎缩二至三成，美系和日系玩具重回主流，连卢 Sir 自己的店也出现亏损。

同年十二月，该年度第一次 Toy Con 举办时，铁人兄弟、Eric So 这两大台柱都没有参展，只靠 Michael 撑场。没多久，Michael 也做出一个重大决定：退出 Toy Con，开自己的专门店。他对《纽约时报》记者说："好闷，重复八次，我想改变一下。"

Michael 的决定成了压垮骆驼的最后一根稻草，卢 Sir 也兴味索然。最后一次 Toy Con 在二〇〇四年四月举行，共计超过两万人入场，也算为其划上完美句点。

当年卢 Sir 费尽心神，一年办三场 Toy Con，每场只有几个月的筹备时间。他还得兼顾店铺生意，压力不可谓不大。

"有人以为我那几年通过 Toy Con，卖 Michael Lau 的作品赚了好多钱，其实完全不是。"卢 Sir 倚在桌边，耸耸背说。这些年来，他一点油水也没赚过，有时更要自掏腰包补贴。

香港展览中心集团方仅承担场地、保安与会场设计的一半费用，Toy Con 需要负担另一半费用。然而，通过售卖门票及收取设计师租摊费用所获得的收入，却是三七分，Toy Con 只得三成。卢 Sir 除了自费邀请海外嘉宾，也慷慨免去 Michael、铁人兄弟等重要设计师的场地费，收支勉强平衡。

若没有 Toy Con，香港潮玩圈不会是今天这般景象。卢 Sir 唏嘘地说："动辄谈利益，好多东西不用做了，Toy Con 也不用做了。"

屹立不倒的 Comix Box 也逐渐撑不下去，在近年倒闭。卢 Sir 在工厦重开二手收藏店 "Collector Plus"，依赖熟客谋生。数年间，他曾整日拿着摄影机，而其拍下的潮玩纪录片至今堆放在两百多平的仓库中，静待被发掘。

世纪初的潮玩盛世随 Toy Con 的停办而落幕，卢 Sir 抽身而退。失去这个平台，一众潮流玩具设计师不得不另谋出路。

所有玩具都是艺术

二〇〇三年非典重创经济后，Michael 选择开设一间画廊，地点位于旺角一栋商业大厦的六楼。

接下来几年，玩具热潮虽冷却些许，但 Michael 的创作仍受欢迎，I.T、Diesel、Puma 等各大潮牌都邀请他联名合作。之后，Michael 又与耐克联合推出 Mr. Shoe 系列，实现玩具、时装、运动及音乐的跨界，《福布斯》在二〇〇八年称他为"当代原创搪胶玩具领导者"。

他不忘每隔数月推出新品。粉丝通宵排队，一同吃方便面、充电，像一个小型社群，还会一直追问何时再有新品。他则保持一贯的风格，看见熟面孔就问："咦，又系你啊？"偶尔被粉丝问得烦了，他会骂几句，没想到粉丝反而高兴了，下一次又来排队。Michael 打趣说："Figure 价钱系包倾计同影相、握手，同埋界我串一下，成件事包埋做 package（人偶价格是包括聊天、拍照、握手，以及被我怼一下，是一整套服务来的）。"

大多时候，孤独的人才喜欢玩玩具。这群粉丝像 Crazy Children，玩具对他们而言则像心灵慰藉。Michael 说："但你要记住，心灵是治不好的，只能定期来复诊、取药。"

因租金昂贵，专门店只开了几年。Michael 转而买下观塘一整层的工作室。

若问 Michael 身边任何一个人，都会得到这样的评价：不爱说话，有点高傲，不热衷社交，不常见面，也不常打电话或写信联络，但又会制作 Gardener 给朋友。同 Michael 相熟多年的杂志编辑 Tomm 创办了香港第一本玩具杂志《Garden》，当第二期杂志交不出印刷费时，Michael 二话不说递上一张支票，甚至为井上三太特刊制作联名作品 Dark Toyz，使杂志转亏为盈。

"某种程度上我都是冷漠的，但我重视人，未必重感情，重人与人之间的……"他一时说不出个所以然来，说友情好像太窄，也许是一切人性的联结。他不愿意定义旧日潮圈岁月为黄金时代，只轻巧地说"没有人不怀念美好"。天下攘攘，皆为利往，有时他觉得成名后一切变得复杂。如果非要说最快乐的时刻，他选择最初那场九十九个 Gardener 的展览。"喜欢做就做，没压力地做，又不用往钱看，又没包袱，又没想赚钱，没想过有人认同，没想过要出名，那便简单。"

首本整理香港潮玩历史的书《Art Toy Story》中，把香港潮流玩具圈划分为三个时期：第一个时期始于一九九九年，Michael Lau 摆 Gardener 展览，开创潮流玩具盛世，至二〇〇四年结束；第二个时期是授权产品期，从二〇〇七年至二〇一四年，其间玩具厂牌 Hot Toys 乘漫威热潮而起；第三个时期在二〇一四年之后，潮流玩具回潮，迎来再发展期。

二〇一三年，Michael Lau 在首尔举办个人展览"AR+OY"

二〇〇七年，Michael 的画室发生小火灾，地板被烧焦。在一片凌乱中，他决定重拾画笔，绘制 Gardener 角色的油画，一边举办个人艺术展，一边继续埋首于人偶创作。

二十多年前，想着"艺术揾唔到食（搞艺术吃不饱饭）"而没能进入主流艺术圈的他，如今担着"Figure 教父"的名号在二〇一八年进了佳士得拍卖行，登上艺术舞台。

早在二〇〇〇年初，Gardener 在伦敦专门收藏现代艺术的萨奇美术馆（Saatchi Gallery）展出之际，Michael 接受《纽约时报》采访，便说："如果迷你，就是玩具，如果大型，就是艺术。"二〇一三年，Michael 在首尔展出一百三十三个 Gardener 人偶，首次提出"艺术玩具"概念，以"AR+OY"命名展览，开先河将潮流玩具提升至艺术层次。二〇一八年佳士得作品展开幕，名为"COLLECT THEM ALL（全部都要收藏）！"他有了更大胆的艺术宣言："所有艺术品都是玩具，所有玩具都是艺术品。"他的油画作品《创玩记》灵感来源于达·芬奇的《救世主》，原画本是基督左手持水晶球，但到了他笔下，却变成 Crazy Children 托着一个同名扭蛋，对藏家送上祝福。展览在上海和香港反响热烈。

要收藏齐 Michael 的艺术品和玩具，恐怕要有相当的财力。在香港经济腾飞的年代，喜欢潮玩的粉丝与他一同成长，彼此之间感情越陈越醇。粉丝中有不少成为收藏家，继续买他的画作，包括艺术家陈幼坚。对 Michael 而言，创作发自内心，与收藏一样带来满足感。而他坚持为自己设计好的作品，不被市场左右。

如果有一件确定的事，那便是 Michael 始终如一地忠于自己。他自知性格"串（嚣张）"，年轻时更甚。做过大大小小几百个访问后，他也突然坦白，说问答千篇一律，不明白为何还要做访问。

在沉闷的人生中，只有创作是有趣的，且永无止境。过去他全情投入、通宵达旦地创作，四十过后，身体出现小病小痛，不时胃不舒服，偶有伤风感冒。说成名后没有压力是骗人的，唯有健康先行，多休息。工作室挂着一副拳击手套，八点起来，他会先运动，再投入工作，凌晨三点才入睡。他挂心工作，说话间得了空，就拉出草图细看。Howard 曾说，广告公司出身的 Michael 只是看似悠闲，实际上极为勤奋，无时无刻不在动脑，得空就把一切可能性画出来，即使初谈合作的第一天没想法，第二天也已有草稿了。

"多年来都是自己一个做全部事，如果自己不自律，一定做不出任何事情。"Michael 无所谓地微笑，"中意嘛，中意做就无所谓。"

二十年前那九十九只 Gardener，他仍好好收藏。不卖，因为不舍得。九十九寓意长长久久，就算物质无法留存到海枯石烂，人偶身上的布发黄，胶也裂开，他也不动手修补，随他去。收藏家要完美，艺术家则接纳缺憾，看时间在作品上留下痕迹，与他一起苍老。

如果生在今天，他不敢论断这个时代是否能再出一个 Michael Lau。香港是个奇怪的地方，从李嘉诚到早早买楼的业主，每个年代的人都说："好彩嗰阵早做（幸好做得早）。"由鸡农孩子变身艺术殿堂中人，Michael 心知行了二十年大运，成功讲求天时地利人和，"不幸运哪有今天。"不过，自己也争气，"不努力就什么都甭想。"

工作室墙壁上，贴着 Michael 外祖父书写的一幅毛笔书法"看破放下自在"。若问他怕不怕过气，他半秒也不迟疑地答："过了啦。过气不紧要，最紧要成为经典。"在他看来，所有艺术流派都曾是潮流，时代之浪会淘尽当中的意义、人性、欲望，洗刷出金子，够好的就成为经典。就像安迪·沃霍尔（Andy Warhol）重复印刷金宝汤罐头，其作品最终成为波普艺术的经典。

世事轮转，人不能永远站在巅峰。在潮流玩具领域，Michael 已玩得七七八八，要把场子留给后来者了。

不过，同是创作，玩具造出来后就有人欣赏，画画虽然自己开心，总觉得差了点什么。他或许会再做人偶，只不过得再减产，还得足够有趣。他一贯不爱盖棺论定，毕竟他曾经这样形容自己："什么都不是，也不容易归类的创作人。"他又不忘补上一句："所谓过气，只不过去别处玩。"

热潮冷却之后：厂牌崛起

花无百日红。二〇〇四年 Toy Con 结束后，香港设计师玩具的大时代如一现昙花委地。设计师玩具幕后功臣——各大玩具厂牌，选择另谋生存之道，开启授权产品全盛期。

香港杀出三个世界级厂牌：Hot Toys、threezero，以及 How2work。

Hot Toys 成为授权产品传奇厂牌。创办人陈浩斌曾制作飞行员模型，最初主打 12 寸军事可动人偶，二〇〇三年后又推出电影杰作（Movie masterpiece）系列，并渐因高度仿真的蜡像级头雕技术赢得关注。Hot Toys 获得国际电影公司授权，制作大热影视作品的玩具，如复仇者联盟、星球大战等，几乎成为好莱坞指定生产商。

相较之下，threezero 与 How2work 则在生产影视授权作品之外，还与艺术家进行了多次合作。

潮流每一次变奏，他们一个不落地抓住机遇，徐徐起舞。

threezero 多线并行：做旧与怀旧

年轻的王剑锋热爱收藏古董玩具，比如特种部队和蝙蝠侠人偶，他从没想过自己会把兴趣变成职业，由卖皮具转行开一家美国军事人偶玩具店，更没想过有一天会推出设计师玩具。

一九九八年，一见玩具嘉年华上展出的 Gardener，锋哥也心痒痒地要制作本土玩具。多年来，他一直开专门店卖西方兵种的可动人偶，于是他想了又想，做香港纪律部队的玩具呢？

在旺角这个"九反之地"，黑白两道的中心，他的店 Toon House 静静坐落在联合广场，斜对面是一家军品店。他去串门，顺便打听现在香港哪个纪律部队最受欢迎。当年警匪片《飞虎》可谓风靡一时，老板立即答："梗系（当然是）飞虎队啦！"顾客上门，他又做小型调查，大家众口一词：飞虎队。

锋哥先向玩具会里专门研究飞虎队的成员搜集资料，对方慷慨借出真品防毒面具。他没有 Michael Lau 手造人偶的本事，便找来朋友牵线搭桥，联络香港人在内地开的厂房，对方也立即说好。

彼时厂牌尚未诞生，初制潮流玩具时，锋哥按直觉朝高品质路线前行。可是，可动人偶身体造价高昂，开注塑模动辄花上十多万，他只好用现成的特种部队的身体，改做配件套装，只做五百个；厂房师傅可解决衣服部件如防弹衣的问题；头盔、枪械和防毒面具本应开塑胶模，但资金不足，他改用无须起模的硅胶倒模，以金属制作。

一次玩具会主办的讲座中，锋哥兴冲冲带上样品与同好分享。样品一亮相，比市场上同类产品的质量都高，Michael 心喜问道："你自己生产？"锋哥应是，Michael 又追问："点搞啊（怎么办）？"

锋哥坦白说："冇乜点搞（没想怎么办）。"Michael 愕然道："造得咁靓，求其卖，嘥咗喎（做得这么酷，随便卖，就浪费了）。"锋哥说是低成本制作："冇计划啊，求其揾（随便用）塑料袋包住。"Michael 不作声，又说："帮你谂谂啦（我替你想想）。"

彩色盒印刷太贵，得另想法子。刚好 Michael 住上环，路过海味街，见店面内有装雪耳的吸塑胶盒，便问价，想订造一个长长的包装盒。对方说："订几多都冇所谓，几百个都得。"于是下单订造。钱不够，就以设计

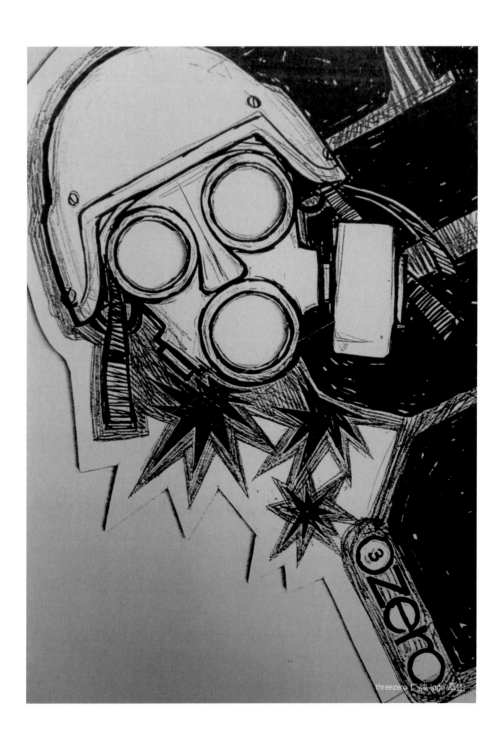

threezero 厂牌 logo 草图

搭救。盒子呈四方形，长一米，装不进塑料袋，令锋哥头痛，Michael 反而说省下塑料袋，"咪仲好，就咁㩒出去，几型（那更好，这样拿出去，多酷）。"Michael 兴致高昂，甚至帮忙雕了人偶的头。初代飞虎队上就留有 Michael Lau 的名字。

Michael 又问："你用咩品牌啊？"锋哥这才一拍脑门，想着得起个品牌名字，Michael 一看飞虎队玩具，戴头盔和防毒面具，刚好有三个洞，而锋哥的店铺"Toon House"又正好有三个零，便说："就叫 threezero 啦！"

threezero 品牌因此得名，Michael 甚至愿包办 Logo。到了一九九九年，他的新展览开幕。忙乱之中，锋哥不忘在展览后台追讨 threezero 标志的设计，Michael 当场挥毫而就。

五百套配件甫一开卖，大受欢迎。在玩具迷眼中，金属造的配件比市面上同类产品精细，新鲜感十足，种种因资金短缺而折中的设计反而成了卖点。资金多了，threezero 便可以开模制造人偶。他们推出一系列军事模型，包括与 Eric So 合作的二战美国空军飞行员，仿照贝克汉姆和汤姆·克鲁斯的样貌做的飞行员头雕。每款限量八十八个。

橙贼（Brothersrobber）奠定了 threezero 的做旧风格。铁人兄弟的粗犷风与 threezero 的军事味道相融合，最终形成这个特色鲜明的人偶——身穿橙色连身外套和蓝色工人装，头戴防毒面具，配上一套金属工具部件。一切都合意，偏偏衣服新簇簇的，不太对劲。他们转了转念，试着喷上油，还特地处理衣服缝线，故意做旧。过程中他们不断修改模具，没有控制成本，但一千八百元的售价非但没吓退粉丝，玩具还因精细手工而大受追捧。

一只搪胶玩具，技术含量又不高，很多人都能做，为何会制造出潮流呢？答案只有一个：新鲜感。

模型，是锋哥制作玩具时抓在手心的关键词。作为玩具店主理人，他接触了不少模型发烧友，知道这群人对技术有多执着。偏偏时代浮躁，有时间玩模型的人越来越少。他想着：如果保证模型精细度的同时，再加上模型发烧友喜爱的做旧效果，做成一个完成品给客人，一定受欢迎。因此，他才愿意不惜成本造出橙贼。

潮流涨退都急速，香港潮玩在短期内呈井喷式热销状态，消费者难免疲累。踏进二十一世纪，互联网崛起，却有外国人来 Toy Con 大手笔扫货，还电邮 threezero，要订货，转销美国。在美国市场，漂洋过海的设计师玩具是新鲜事物，相当受欢迎，价格分分钟翻上一番。

锋哥意识到，尽管设计师玩具的热潮在美国方兴未艾，却难以做出规模，难在产量少，没有生产商愿意接单，反而离深圳一河之隔的香港占生产优势。逐渐有"凯罗伯大头机器人"（Kidrobot）等几家美国公司找上他，线上玩具销售网站也想分一杯羹。

锋哥稳稳抓住从天而降的好机会。几百张小型海外订单相继而来，应接不暇。日本市场也打开后，他索性关了 Toon House 店面，完全投入代工生产，鼎盛期大部分美日的设计师玩具都在他手中诞生。二〇〇四年，锋哥和内地朋友合伙，在东莞开设玩具工厂，请了几十个人，每月出产数百套潮玩，主要是搪胶。两年后，threezero 的年度营业额已达数千万港币。

二〇〇四至二〇〇七年间，threezero 沉寂下来，没有任何自己的作品。

时日流逝间，橙贼成为玩家的梦幻藏品，锋哥自己也仅保留了两个样品。二〇〇六年，著名设计师阿什利·伍德（Ashley Wood）托人苦苦寻觅，朋友求到锋哥头上，说动了本来不打算转手的他。他想着：赚你几千元有什么意思？索性送一个，交个朋友吧。

锋哥飞到圣迭戈国际动漫展（Sam Diego International Comic-Con）与阿什利谈合作，二人筹备两年后，以 8 寸 Bertie MK1 小试牛刀，只出五百个，每个定价三百美元。因价格太贵，美国零售商拒绝上架，最终，玩具在阿什利的网店销售，第一天就卖了二百只，而后迅速销光。

二〇〇八年六月二十四日，主打原创设计师玩具的 threeA 正式成立。阿什利长驻澳大利亚，负责产品设计，锋哥留守香港，监察产品量产，二

单鼻 (Nom de Plume)

盲眼牛仔（Blind Cowboy）与僵尸马（Ghost Horse）

人远距离联络，定期在展会上见面。

风格独特的 threeA 结合了艺术与玩具，打响头炮的是 12 寸可动人偶单鼻（Nom de Plume）。阿什利在绘本小说《世界大战机器人》（*World War Robot*）中创作了这个角色，人偶戴着长管式防毒面罩，做旧白色 T 恤上印着 threezero 的标志，仿佛踏着战争废墟的余烬迈出纸页。锋哥也算做过无数机械设定，但阿什利的设计令他惊为天人，其机械人的设计更颠覆锋哥认知。

厂牌本身的做旧技术与阿什利作品相得益彰。锋哥说："（阿什利）没有一次令我失望，艺术方面没得讲。"有一次设计牛仔，得配上马，然而马容易平平无奇，不仅生产成本高，而且占地方。锋哥担心销量，对这个作品持保留态度。隔了几天，阿什利交出答卷：僵尸马（Ghost Horse）。那诡异风格和缠满绷带的马身设计，化腐朽为神奇，锋哥大喜过望，终于重拾暌违已久的惊喜感。

基于阿什利的漫画，threeA 推出五个系列，包括 Popbot、World War Robot 等，成功"榨干"粉丝钱包。

二〇〇九年，获《Milk》杂志邀请，threeA 举办艺术展览"香港冒险"（Hong Kong Venture）。翌年，锋哥决意进军内地市场，便顺势在四月举办北京聚会；考虑到内地拥趸购买困难，锋哥在二〇一二年开通支付宝付款。

二〇一三年的一次展览会中，阿什利给锋哥介绍电影版权代理商，锋哥当场拿下了第一个电影授权——《铁甲钢拳》。

这次合作像敲门砖，叩开授权生产的大门，沉寂多年的 threezero 重启。与大和原邦男合作《重甲侍鬼》后，他们在接下来几年内又生产了《行尸走肉》《变形金刚》《权力的游戏》等影视授权产品，标榜收藏级别。

二〇一九年八月一日，threeA 结束，玩具迷心碎。

尽管设计师和厂牌彼此成就，但一切美好的事物都有尽头。十一年光阴飞逝，锋哥不是不惋惜，但也早已看透：一方面，设计师风格独特的单一玩具系列注定不会长青；另一方面，顾客口味转变，十年间客量跌了五成，为此，设计师与厂牌渐生分歧，默契地分道扬镳。

千帆过尽，峰哥仍然念旧，而香港潮流玩具大时代的逝去令他看淡许多。他办公桌旁的抽屉里放着玩具会旧照，直立柜则存放飞虎队配件盒，他分享一箩箩轶事，双眼发亮，眉飞色舞，几乎像一个说书人。

谈起近年的作品，他远不及早期热切。"好多意想不到的事情发生，本来觉得平平无奇一件事，突然造了出来，好受欢迎，好震撼，当然销售额不高，但满足感同开心程度好大。坦白讲，现在每一样产品，或者市场 strategy，都是经过计算。"如今他把 threezero 当一盘生意经营，即便个人偏好机械设计和科幻风格，也得顾及公司发展。"就算生意好好，开心程度系不比以前。"

在瞬息万变的玩具市场中，threezero 奋力维持多元化发展——主打授权玩具的同时，也与各路设计师合作。最近，他们刚刚推出中外设计师联合的产品线 threezero X，先是与大山竜合作，筹备三年后，又将与竹谷隆之合作。而今，threezero 内地市场大幅扩大，市场占比也高。另外，他也不忘开拓美日市场。

如今，锋哥不再害怕潮流的来去，因为有了不被淘汰的自信。"每个时代掀起浪潮的题材都不同，有时兴特种部队，有时兴超合金，有时兴钢铁侠，最近兴变形金刚。做工做得靓，任何潮流都是一个标准来的。"

How2work 与艺术家：配角的韧性

同为厂牌，How2work 更低调，除了与 Eric So 制作屋邨仔系列，从来没独立参加过 Toy Con，也不在聚光灯焦点中。

上世纪九十年代，老板 Howard 曾在一家漫画出版社工作，当过漫画助手，也做过随书附赠品的产品设计。当年，《Amiba》《Milk》《东

月亮忘记了

失眠夜娃娃 〔Sleepless Night(sitting)〕

Touch》等潮流杂志是他的精神食粮，他第一时间便注意到了《Gardener》漫画和 Comix Box 初代"甩皮甩骨"（粤语，瘦而丑的意思）的 Gardener 人偶，对人偶麂皮制作的头发和胡须印象深刻。

二○○○年左右，刚好井上三太的《东京暴族》正连载，他见 Michael 和井上三太都画潮流漫画，便拉来赞助商，促成二人合作，推出三百只搪胶人偶，大受好评。不久后他又找了 Eric So 与《龙虎门》合作，从此仿佛打开新天地。

二○○一年，年届三十的 Howard 正觉事业到了瓶颈期，故辞职成立 How2work 公司，定位设计师玩具厂牌。因为他的工作经历，公司第一年以取得版权为目标。

当时香港设计师不会去找内地玩具生产商，只有 Howard 肯吃苦头。初做搪胶玩具，他与内地厂家沟通，对方说得天花乱坠，到交货时样品却有质量问题，还推搪说是因他没有资金，做不到想要的效果。他为之气结：明明厂家只要早说，就能调整预算。高峰期，常常即日往返香港和内地，每个月能多达六次，早上七点出门，下午一点才到厂，等待对方吃饭，开会到三点，再坐巴士由东莞到罗湖，耗尽一整天。这样的生活，他撑了整整十年。

二○○二年，Howard 去台北出差，工作后按习惯到敦南的诚品书店逗留，意外打开了一本成人绘本《月亮忘记了》。模模糊糊的大都市中，展开一个个细腻的故事，幻梦般诗意的风格令他一翻就停不下来。他暗忖：谁是幾米？看完后，他欲罢不能，连忙再追《向左走·向右走》等其他几本作品。那时幾米已在大学生中颇有名气，但 Howard 的朋友多是美日漫画迷，他向朋友推荐后还遭到反问："边个（谁）？"幾米在香港没有代理，朋友便帮他联系上台湾出版社，约好幾米开会。一见面，Howard 才赫然发现，幾米原来是男人。

同年年底，《月亮忘记了》的 PVC 人偶推出，颇受欢迎。翌年，幾米红了，足有三部作品改编成电影搬上香港大银幕，包括杜琪峰、韦家辉执导的《向左走·向右走》，杨千嬅和梁朝伟主演的《地下铁》，还有郑伊健和林嘉欣主演的《恋之风景》。误打误撞地，起初连幾米是男是女都不清楚的 Howard 已拿到版权，占了先机。

二〇〇四年，Howard 开始在网上寻找艺术家合作，一个名字跃现眼前：奈良美智。

二〇〇〇年左右，奈良美智刚从德国搬回东京。Howard 幸运地找到与奈良美智最熟悉的画廊，并表明合作意愿，他很快收到经纪人的回复，对方表示愿意见面。奈良美智在台北当代艺术馆参展，Howard 还做了一个迷你人偶带过去。在展馆第一次亲眼见到奈良美智的大型画作后，他立即思忖：不应该做小人偶，应该做大……从艺术家的角度看，应该做一个艺术收藏品。奈良美智答应了，说可以试试。

Howard 每年去日本拜访，定期报告制作进度，不急不赶，没有死线。如是过了三四年，某一天，奈良美智的经纪人致电，问他是否还记得有关奈良美智的项目，他们想启动。

与奈良美智合作的过程与众不同。样品雏形出来后，Howard 见轻微不对称，便提出要更改，但奈良美智说不必："全世界不会有对称，对称的事物都好奇怪，完美得奇怪。"与其他艺术家相比，奈良美智对钱没有概念。Howard 与经纪人磋商时，提议定价五百美金，这已是潮玩圈高价。但经纪人说过于便宜，限量版应卖两到三千美金。Howard 说："门槛这么高，怎么让年轻人享受到收藏升值的乐趣呢？"原本奈良美智一向由经纪人全权打理财务，但听了此话，也希望作品能向普罗大众推广。最终双方各让一步，定价一千美金。

当时奈良美智还没有今日盛名。Howard 拿成品去相熟的玩具店时，老板疑惑：这个是什么？真的要卖这么贵？ Howard 应道："系啊，系艺术家。"老板答应寄卖十只，没想到一周后，这个娃娃就卖了上百只。

Crazy Michael

Maxx

Brian

Tattoo

6 寸花园人系列（Gardener）

二〇〇七年，12寸失眠夜娃娃现世，How2work也打响名堂。十三年后，娃娃升值更是不止十倍。他发现艺术可以和玩具结合，但玩具不一定都是艺术，只有足够好的，才能被视作艺术。

二〇一三年，Howard在首尔玩具展会遇上Michael Lau，聊天时说了一句："你唔做Gardener好嘥（你不做Gardener太浪费了）。"没想到这句话竟打动了Michael，他应道："你有兴趣，做只小的啦，同我手掌一样大，件事就好玩。"

那一年，他们把6寸Garden（Palm）er塞进喷漆罐包装中，一盒九款，精致得不得了。他深知Michael视Gardener为艺术，对产品化兴趣不大，要求高，制作过程也痛苦：从12寸缩小到6寸，人偶裤管只剩手指一半宽，连缝纫机车的针都转不了，得用两根小棍撑着；因衣服过小，人偶穿上衣服会显得臃肿，线都开了。

双方合作愉快，但因为人偶量小又制作困难，所获得的回报不高。一连造了三四十个角色后，市场疲软，二人也都累了，便停下来。

Howard自认较老派，合作的玩具设计师可以不懂雕刻，但得懂画画。遇上没有合作过的，他会花三个月做前期准备，研习他的作品风格和性格。整个生产过程则需一到三个月不等，有时光做模具就可耗一个月。他发现，这期间最大的难题在于沟通，尤其在玩具从2D变成3D的过程中，艺术家说不出问题所在。

Howard有"古怪"的偏好，比起主角，他更喜欢配角。去拿姆明（Moomin）版权时，他不做姆明，而是挑了史力奇（Snufkin）和亚美（Little My）。皮克斯的代理商寻求合作，人人争抢《玩具总动员》巴斯光年和胡迪的版权，但Howard左选右选，决定说："我要拣阿布（《怪兽电力公司》中人类小女孩角色Boo）。"合作方备感诧异，询问原因，他的回答是："因为人人造毛毛萨利，没人造阿布。"对方跟他一再确认，他直爽地说："我好有信心，做几百只过香港咋嘛。"不出他所料，玩具一做出来，就卖断市。

　　也许只有这样的人，才甘愿退居幕后。他眼中，艺术家才是主角，厂牌的任务是将他们的作品发扬光大。后来他"发掘"了原本在欧洲画绘本的龙家升，两人一同把 Labubu 变成立体的玩偶。与 How2work 合作的艺术家中，香港艺术家占七成，日本占三成。

　　直到近两年，中国内地潮玩市场火热，才令 How2work 一年营业额达五至六千万。虽然这仍不及其余两家厂牌，Howard 也不介意。别人争破头的授权产品，他没兴趣。"我知道如果十年前做钢铁侠，会很好卖，但我真的没兴趣，我要做自己觉得特别的东西。"别具一格的 How2work 仍多与艺术家合作，他说："认识的人都知道我们'有阵除'（有种味道）。"有麝自然香，也许就是这股不妥协的劲儿，吸引了艺术家。

厂牌与设计师

　　不论经营厂牌还是设计玩具，在潮流巨浪中，只有仰望星空，明辨方向，懂得大力转舵的船长，才能不被热潮反噬。

　　香港大时代不再，看客走了，厂牌与玩具设计师仍然唇齿相依。路过观塘工厦区，在寻常的茶餐厅，或许会看见 Howard 与 Kenny Wong 或龙家升喝着奶茶，在谈创作。

　　潮玩盛世的关键人物，众人心目中的天才型艺术家 Michael Lau，则转战艺术界；当年铁人兄弟的成员 Kenny Wong 有另一条路要走。"我从他们（指香港玩具设计师与厂牌）身上学到一件事：大家都是同步起家，一路做一路学，没有不可能的事。"Kenny 言语间流露自豪感。对他而言，铁人兄弟只是开始，他单飞后创作的 Molly 则令他意外走上更广阔的路，使他乘着浪到了内地，成为爆红的异数。▲

从铁人兄弟到 Molly：
进击的潮玩

文 / 祉愉

从追逐光芒的童工到玩具掌灯人

四十多年前，香港老式公屋牛头角下邨一角，一个小男孩拆散了可动的铁甲万能侠模型。他先是拧开模型可摆动的手和头，打开其内部，好奇地凑过去窥看，再把螺丝钉、饮钉、铁珠、弹弓塞进去进行重组，然后摇了摇。

猛烈阳光下，小男孩举起模型，超人的塑料身躯随之变得透明。男孩仰着头，眯着眼，隐隐约约看见模型内部零件。"咻"一声——超人随他的动作飞向左，飞向右，晃一下，而他看着超人左右摆动的手，心中升起一股满足感。

玩具像一束光，照亮 Kenny Wong 的幽暗童年。长大后的他成为掌灯人，在浮躁的大时代，创造出年销量达四百万的潮流玩具 Molly，在成年人的心里点上一盏灯。

玩具是孩子的安抚物，但他小时候能玩的却不多。

那时，他们一家八口挤在不足四十平方米的屋子里，地板堆了数十个纸箱，几乎寸步难行。父母在外工作时，兄弟姐妹六人便蹲着把扑克牌按顺序装箱，排行第五的 Kenny 动作麻利。在这幽幽长廊中住着十来户人家，全是这样的家庭工厂。

货车会定时送来新的箱子，好不容易装完一箱的 Kenny 不得不再一次次从头开始，像推着巨石的西西弗斯。货品有时不是扑克牌，而是插在蛋糕上的"生日快乐"小牌子，他把铁丝烧红插进胶体内。干活的 Kenny 得一直低着头，一做就是五六个小时，他心中绝望，只想偷得一点时间玩玩具。

屋邨七弯八拐的回廊里有一家文具店，一根根绳由文具店门顶垂下，像风铃般吊着一个又一个模型。放学后，Kenny 反复去店里看，但父母买不起贵的玩具，他只能哀求疼爱他的外婆。那时候，即使他的父母为玩具业鞠躬尽瘁，也只是产业线上的螺丝钉。

上世纪六十年代，香港玩具业极度发达，为国外玩具品牌做生产加工，即使工厂向内地转移后，每年出口额仍达数百亿港币。Kenny 的父亲在玩具工厂担任喷油工，母亲则在另一家工厂打工。当时流行塑料动物，父亲有时会把喷壶从工厂拿回家，喷出塑料老虎的纹路——这一连串动作让小时候的 Kenny 看得目不转睛。

Kenny 十多岁时，去做暑期工，负责玩具部件装嵌工作，把手脚接到爱心熊（Care Bear）身体上。这个工作需要他用劲把手臂拧进玩具身体，每拧一下，要二十秒。他扭得手也红了，不住颤抖。

日后他才知道，正常工序是要先用暖风机烘软胶身，但那时的工厂不把童工当人，逼迫少年以蛮力完成。数十年后想起那段岁月，他仍咬牙切齿，发誓决不重回工厂，决不再当装配线上的西西弗斯。他说："我不要做一个穷人，我不做这样的工作，我想做不那么闷的工作。"童年种种辛酸血泪，让他想要跻身上游。

兄妹六人日渐长大，三十多平的房屋显得越来越拥挤，而 Kenny 的这个决心，越涨越大。

铁人兄弟前奏曲：认同、玩具与广告公司

他仍记得人生第一次被称赞、被认同的那一刻，恍如昨日。

作为家中老五，他从小是被忽略的孩子。父亲平日十分严格，一见他犯错就开骂，比如 Kenny 要是拿筷子的姿势不对，父亲便"啪"的一声用胶筷子打他。等他到了升中学的年纪，姐姐教他画人像，用九格起形。他学得很快，临摹的大明星和真人几乎一模一样。姐姐轻轻赞道："画得儿（多）好啊！"他到现在还记得。

自玛利诺工业中学毕业后，他报读明爱白英奇专业学校的设计系，学习商业美术及广告设计课程，名列前茅。有一次，著名广告人朱祖儿到访，并出题考学生，要他们当场为指定年纪的小朋友画广告分镜脚本。朱祖儿是 Kenny 的偶像，他忐忑地画了一个小朋友舔着甜筒、开心地笑的分镜脚本。可他画好以后却觉得丢人，便咬咬牙，偷偷揉皱纸张，丢到地上。朱祖儿走到跟前，他还撒谎说画稿丢了。没想到朱祖儿环顾四周，发现了纸团，他打开看了以后，淡淡夸了一句："你画㗎（你画的）？几好啊！"

偶像的认同为 Kenny 打了一剂强心针。但父母担心他无法靠画画赚钱，让他走设计的路。只有外婆劝他找份喜欢的工作。

一九九八年，即将毕业的 Kenny 开始找工作，在同学介绍下进入全球顶尖的广告公司博达大桥，成为草图员。

这份工作令他遇到铁人兄弟的两位拍档，改变他一生。面试时，Winson Ma（马志雄）堆满玩具的办公桌就已吸引住 Kenny 的眼球。William Tsang（曾志威）虽在 Kenny 入职后不久离开了公司，不过三人结下了深厚友谊。

广告界生意兴隆，草图员的职责是按创作总监和艺术总监的要求，将想法绘制成图。Kenny 初次实战，难免手忙脚乱，Winson 像半个指导师傅，起了分镜脚本的草稿线，再交由 Kenny 描画。

广告业分秒必争，上司凌晨收到客户下达的指示，Kenny 就得通宵赶

稿。工作三年间，他颠倒日夜，常常凌晨三点回家，匆匆换衣后早上十点又得出现，简直生不如死。所幸 Winson 也是个"好好的大佬"，遇到麻烦客，或被老板压迫太盛，会替 Kenny 挡下来。

业内流行串门接单，有时下班早，老板也离开了，天一黑 Winson 就带 Kenny 去"揾食（谋生）"。他们每天花大约三四个小时，坐车去第二家广告公司画故事板。Kenny 不时还碰见 Michael Lau 和 Eric So——二人是一同健身的好友——在自家公司出没。几个人会聊上几句。

那几年，他格外拼，平均每周接一份特约插画单子，几乎不愿让自己休息。朋友也问："你驶唔驶咁勤力（用得着这么勤奋）？"Kenny 不置可否。他做事利索，那是做童工养成的习惯。他也有不足为外人道的原因。小时候父母因为养育子女，一直问人借钱生活，负债度日。家庭压力无时无刻不在鞭策他，多做点，多赚点。他用四个字形容当时状态：极欲脱贫。

当时他月薪六千元，倒是接的私活收入颇高，撞上结算的月份，收入可达十万。他一直上缴家用，三年后，妈妈告诉他，家中终于把多年欠债还清了。

小时候没玩具玩，成年后 Kenny 迷恋玩具。他的办公室在湾仔，工作压力大时，便和 Winson、William 相约下班后去玩具街，走遍各式各样的店铺，每个月花上千元买玩具，如迪士尼狮子王、海洋堂恐龙等。买着买着，William 又介绍："可动玩具正！"Kenny 搜罗可动人偶时碰巧去了锋哥的店，一眼就被飞虎队人偶配件套装吸引。飞虎队人偶装备繁多，有面罩，枪内又有子弹，还可以摆造型，精细度教他惊叹连连。那是他人生中买下的第一只可动人偶。

转眼间，他已在博达大桥工作三年。因老板曾叮嘱："一间公司唔可以做超过三年，满师就要去其他公司，鱼唔过塘就唔会肥。"他选择辞职。辞职后，他与几个朋友去欧洲旅游，顿觉天大地大。欧洲归来，他先后入职广告公司和电视台，一九九五年开始自立门户。

终日奔波劳碌，他总是觉得生活像缺乏调味的食物，始终欠了一把盐。

铁人兄弟的诞生

一九九八年，Kenny、William 与 Winson 三人去了第二届玩具嘉年华。那一届不仅展出了 Eric So 的李小龙人偶，还见证了 Michael Lau 那十个 12 寸 Gardener 的首次面世。

那段日子 Kenny 也断断续续尝试过立体创作，他站在玻璃展柜前，定定地看着 Gardener，其做工细节看似简单，但过程复杂，水准媲美日美模型，Kenny 第一眼便觉得十分厉害。玻璃倒映着他的脸，他听见内心的声音："想做自己的玩具。"

一九九九年九月，Michael Lau 的九十九个 Gardener 在香港艺术中心展出。不久之前，Kenny、William 与 Winson 三人又约了一次饭局。同属设计广告界，热爱可动人偶的 William 听到风声，说 Michael Lau 正紧锣密鼓准备展览，酒过三巡，他当场说："不如我哋都做咯（不如我们也做吧）。"彼时 Kenny 刚刚结婚，正想求变，也放出豪言："如果要做，就要做得特别。"

在 12 寸可动人偶领域，已有走街头文化路线的 Michael Lau 和把李小龙玩出时装风格的 Eric So。珠玉在前，铁人兄弟想走一条全新的路。William 和 Winson 早有意以平民英雄为主题，便搜索各行各业的资料，当他们看到外国工人粗犷有型的照片时，眼前一亮。

那一天，两位前辈拿出准备好的三十多份造型资料，问 Kenny 意见。Kenny 一听见"地盘工人（建筑工人）"四个字，脑海中立即浮现种种画面，如满是机油、斑驳污渍的工具。毕业自玛利诺工业中学的他从小熟知木工、金工和电工，对机械工具早有情结。

资料中有非洲土著的图腾与雕像，他看了看，沉吟后说："不如畀（给）

我试下啦。"

当时正值农历新年放假之际，大年初二那天，Kenny 闭关整日，先画了图，然后一边雕刻，一边修图，一鼓作气雕出一男一女两个人偶。他素来爱用泥雕人偶，便以一人之力完成平面到立体的过程。铁人兄弟风格初具雏形：粗犷，高眉骨，厚嘴唇，嘴部下颚骨突出。三人再见，Kenny 默默拿出成品，两位拍档当即通过，"就用呢（这）个方向啦。"

三人为追求与传统玩具不一样的真实度，制作之认真，到了入魔的程度。他们要为习惯一尘不染的玩家带来惊喜，为手下的人偶注入生命。

平日他们分头行事，各自找素材，频频到屯门、鸭脷洲的建筑工地实地考察。除了拍下照片留作参考外，他们还与工人倾谈，同他们成为朋友。之后三人聚在一起开会，定造型、画草图、上色。有段时间，他们常深宵碰头，工作至凌晨两三点，最终合力造出两个人偶。

三人各有所长，Winson 是团队的老大，擅于说故事，为铁人兄弟最早的三个角色创作了人物背景：美国救援队队员 Smart，因为在一次交通事故中害死了朋友的姐姐，郁郁寡欢，改行做地盘工人，从此与 Big Mac 和 Baby 成为同事……

Kenny 擅长用雕刻刀细细雕琢人偶面孔，眉目表情栩栩如生；William 则执着于服饰，不仅找师傅缝制人偶小衣服，还想方设法把物料做旧。为达到想要的旧化效果，他试了浮水石、浴缸、刻刀，甚至不惜熬夜蹲在浴缸内，用手磨出牛仔裤的"猫须"，就为了让裤子像被穿过千百遍的一样。

他们以对待艺术品的态度对待玩具。从衣服、皮带、鞋、头盔、工具到头发，均以真实材料制作。三人一起去深水埗鸭寮街搜罗，不惜成本买下小型加工车床，自制小型锤仔，还找师傅铸了扳手一类的小工具配件。

Kenny 的舅父是修理铲泥车的，弟弟也会去工地做暑期工。为求逼真，Kenny 不仅向他们借了真齿轮做参考，还特别走访新界锦田、元朗的铲泥车场，观看铲泥车挖坑渠，甚至造了一个迷你版铲泥车模型。可惜模型做到一半，还是因时间紧迫、资金紧张不得不放弃。

筹备一年多，三人才完成"铁人兄弟"建筑工人系列。铁人兄弟自此诞生——既指他们三人，也指一女七男的立体人偶。

二〇〇一年日本杂志《人偶王》（*Figure King*）举办比赛，向全世界招募参赛者，只须将参赛作品的照片寄去评审。三人想也没想就参加了。

人偶制作完成后，他们决定去实地拍摄照片，为这些角色注入灵魂。William 带头偷偷爬进工地，趴在地上拍。一旁的工头挠手张望，奇怪地问："你哋做咩？几个麻甩佬喺度伏喺度，污糟邋遢咁喺度影相？（你们做啥？几个臭汉子趴在地上，这么脏乱也在拍照？）"但看着看着，工头也乐了。

照片寄出没多久，比赛结果公布，铁人兄弟的作品入围，三人崭露头角。紧接着，香港一家杂志社找到他们，做了专访。之前三人总去 Comix Box 买玩具和参考书，早就认识了卢 Sir，卢 Sir 听说获奖，愿意提供 Toy Con 的免费展览摊位。

二〇〇一年盛夏，铁人兄弟获邀远赴日本，参加全亚洲最大的玩具展 Wonder Festival。日本是动漫和模型大国，当地玩具发烧友眼光颇高。为了试水，他们亲手赶制十个彩色 Baby 人偶，每个定价二千四百港币，还制作了明信片和纯铁吊坠。不料开场仅十分钟，Baby 人偶竟卖光了，甚至有香港粉丝追到日本买，却空手而回。铁人兄弟当场接受预订，追加制作了十个人偶。Kenny 不禁想：他们愿意花上千元去买一个人偶，说明我们的东西足够好。

展场内，一个个玩家相继停下脚步，站在铁人兄弟的人偶前，俯下身细心欣赏，声声称赞，Kenny 分不清内心油然而生的是自豪还是满足。在广告公司摸爬滚打十多年，他为客户而创作，再好的创意都是属于公司的。如今，他首次以创作人的身份获得认同，这种从未有过的体验，让他想把人偶一直做下去。

事业初成，Kenny 三人聚在一起庆祝，畅想之后的人生大计。

一切发生得太快，如梦似幻。

八月七日，铁人兄弟在 Toy Con 首次亮相，展出建筑工人系列。三个曾接受访谈的建筑工人也来了，赞叹道："原来我哋可以咁型（原来我们可以这么酷）！"观众多次追问铁人兄弟："几时有得买？"不少厂商和公司伸出橄榄枝。最后，铁人兄弟与 Hot Toys 一拍即合，老板陈浩斌非常喜欢铁人兄弟的作品，心想：坊间未必有厂肯替他们生产，既然自己追求与众不同又高质的东西，不如就试试吧。

铁人兄弟系列每款生产一百个，算小试牛刀。

他们准备全速前进。虽说铁人兄弟主要是因情如兄弟才得名，但其中每个人确也称得上铁人，Winson 每次与陌生人提到做广告的往事，都会听到一声赞叹："哗！铁人嚟，唔驶训（简直铁人，都不用睡）。"William 更曾自述，他们之所以将建筑工人作为主题，正因其刻苦辛勤的形象，与广告人的血汗写照如出一辙。经历过广告行业地狱般的日夜，那时的 Kenny 像一只鸟儿，要从无形牢笼中展翅。

父母知道 Kenny 要走画画的路子，一直忧心。小时候，母亲见他手指粗短，曾无意识说过一句："你第时都系做地盘㗎啦（你未来一定是去做建筑的命）。"像是天意，铁人兄弟第一件作品，就是建筑工人。Kenny 仿佛始终逃不开妈妈的魔咒，但他终于可以做喜欢的事。

二〇〇一年十月八日，铁人兄弟有限公司正式注册。三人各有家庭，但都放弃在广告公司六七万的高薪，合资十万，租下工作室，铁人兄弟正式成军。压力排山倒海而来，只有眼前路，没有身后身。

Toy Con：初创铁人兄弟

两个月后，冬季的"Plug In Toys 2001"，奠定了铁人兄弟的地位。

铁人兄弟先推出人偶 Bomb 和 Popeye 的会场特别版，各一百个。人偶的纯白衣服背面印有"Toy Con Special"字样，做工精细；背后的工具袋里固定扣着一把扳手，分隔袋内有小型工具；还附送纯银版安全帽和扳手。

当时 Eric So 的李小龙人偶卖一百九十九至八百港币，Michael Lau 的 12 寸可动人偶 Tom.Kid 卖五百九十九港币，铁人兄弟却敢给建筑工人人偶定价一千二百港币。William 说："就是要告诉大家我们付出的心力更多。"

反响出乎意料地好，甚至出现一条排队长龙——以往这可是 Michael Lau 才会有的情况。一小时内，人偶就售罄，转眼被炒卖至两千元。铁人兄弟紧急准备，要在二〇〇二年四月推出灰版建筑工人人偶 Seven 和 Smart。

为了第一场拍卖会，铁人兄弟特意制作了仅此一个的红衫 Baby——全手造，衫裤粉红，头发火红，骑在摩托车上。几百个粉丝和买手疯狂喊价，价格节节攀升，Kenny 的心跳也怦怦加快，当他听见价格喊出"三万"时，高频的心跳仿佛于此漏了一拍，脑中刹那寂静，随即涌上壮志豪情。

那一天，他把妈妈带到会场。妈妈虽半生与玩具打交道，却半分不理解设计师玩具，她感叹："哗，咁嘅嘢都有人买（哇，这也有人买）！"随即再补一刀道："都唔知买嚟做乜，仲要咁贵（不知买来有啥用，还这么贵）！"Kenny 本想她见证自己的成就，却被淋了一盆冷水，多年后他说起这件事，仍哑然失笑。

同一场 Toy Con 上，《东 Touch》预告了传奇作品橙贼的诞生。

铁人兄弟与 threezero 初谈合作，已达成共识：橙贼必须同时具备 threezero 与铁人兄弟特色。

铁人兄弟对负责起模的工厂要求极高。早期，他们与 Hot Toys 首次合作，推出消防员 Must 和大块头 Storm 时，Hot Toys 为了更完美地呈现 Storm 的肌肉，研发出用软胶掩盖关节的新方法。而与 threezero 合作期间，是锋哥第一次尝试做旧技术，仅沟通概念和草图就发了数十封电邮。最终，橙贼在二〇〇三年八月的 Toy Con 亮相，标价一千八百港币，震惊传媒界。

橙贼限量一百个。二十年后，其价格仍然水涨船高，堪称天价。

成功的背后，铁人兄弟三人创作时从未爆发严重的争执。唯一一次意见分歧，发生在创作九一一系列之时。

二〇〇一年"9·11"悲剧忽然而至，电视画面传到万里之外的香港：飞机撞击双子塔，大厦倒塌，消防员因救人牺牲，工人挖掘出他们的尸体……Winson 深受触动，希望以此为题材，颂扬工人及消防员。另外二人大力反对，Kenny 强调不可以透过灾难赚钱。

最后双方各退一步。他们改制作小丑（Brothersjoker）系列，给七个不同职业背景的角色加入幽默元素，比如喷笑气的消防员，希冀为世界带来欢乐。二〇〇二年的 Toy Con 他们正式推出搪胶版本小丑与迷你小丑系列。

二〇〇三年，铁人兄弟才在 Toy Con 展出以九一一为题的纪念作品，仅作展示，不量产销售。与卢 Sir 商谈后，他们决定举办"你永远是我的英雄"（You Are Always My Hero）模型摄影比赛，为此装置大型灾难现场，供观众参赛。不久后，三人收到美国消防员的电邮，信中大骂他们，要他们道歉。后来对方了解其中原委，才转怒为喜，感谢他们。

铁人兄弟以玩具回应时代。二〇〇三年，他们本想多推出几个小丑人偶，计划却因非典疫情而搁浅，仅出了几个搪胶版本。彼时，疫情夺走了数百名香港人的生命，整个社会异常沉痛。

铁人兄弟如日中天时，合作无间，名气与日俱增。知名品牌如尼康、李维斯、品客薯片、喜力啤酒等，排队邀请他们合作推出限定商品，甚至连林肯公园的乐队成员约瑟夫·韩（Joseph Hahn），都登门拜访。

橙贼（Brothersrobber）

单飞之后：创作、痛苦与觉悟

五年辉煌过后，铁人兄弟最终在二〇〇五年解散。

名气都是表面风光。Kenny 算过，虽然铁人兄弟每个可动人偶售价近千元，但生产精细，成本高昂，一年最多只能生产一款，分为不同材质和尺寸的三个版本，较多生产的是搪胶版本。普通版要交货给批发商，Toy Con 会场版则直接售卖，赚得最多。若以铁人兄弟系列人偶计算，每个人偶标价一千二百港元，卖一百个，收入约为六位数，只够交湾仔一百多平的工作室租金。与各大潮牌的联名合作最为赚钱，平均一次数十万。

随着二〇〇四年最后一届 Toy Con 落幕，香港对潮玩的热情渐渐冷却，继承者黄仁寿举办台北国际玩具创作大展（Taipei Toy Festival），一批玩具设计师便移师台湾。铁人兄弟再去台湾办展会，没收入，只为开拓市场，不可谓不辛苦。

工作室三人加两位伴侣，总收入需要除五，再扣除租金成本，算起来薪金比广告公司还少。一来，回报低，抵消不了辛劳；再者，"就是三个都好棒，三个画得都好，创作力都好强，自我也强。"创作本来就是一件霸道的事。到了第四年，创作欲强烈的三人各有想大胆尝试的方向，却又因资金有限，须衡量风险，都觉得束手束脚。最终，三人渐行渐远，只好分开。

Kenny 不愿重提当年分开的情景，仅说"好 hurt"，而 Winson 是哭得最厉害的那一个。

分道扬镳后，巨大的创伤如影随形。

最好光景时，三人一切有商有量，各有分工，甚至每人制作了一条"铁"字纯银颈链，常年佩戴不离身。如今忽然只剩 Kenny 一人。他成立个人工作室 Kennyswork 后，只觉混乱无助，一旦思索决策中出现障碍，顿感困难重重。工作室静得像太空，有一段日子，他会一人分饰三角，假装三人开会，自言自语，模仿两人的思路给自己意见，批评自己作品，像精神病患一样。

不过，他明白这不是真的，"他俩不在，听不听都没所谓。"

　　心情沉重的他创作的第一个系列，是以金属为材质的潜水铜人十八。这一系列背后的故事相当完整：地球因过度污染资源短缺，陷入一场浩劫，大洪水淹没九成陆地，剩下十分之三的人类建造深海都市后，野心家仍要污染海洋，潜水铜人十八成为海洋守卫者。

　　但铁人兄弟没有断了联络，常常欣赏彼此的作品。某天，见到 Winson 的作品猿人极地探险队，Kenny 忽然之间吁了一口气——雪山与深海，隔着极遥远的距离，却有共通之处。他们彼此仍在冷静，又心有灵犀，能够以作品对话。他们的痛苦是共通共感的，Kenny 几乎释怀了。

　　他满心想着要至臻完美，掏尽毕生积蓄，挑了最信赖的公司 Hot Toys 制造潜水铜人十八。但人偶太具实验性，不仅重，而且有许多易断的配件，做了三四个版本都达不到预期效果。金属模具更改多次，电和灯的效果也几经测试。巨大的生产成本几乎压垮了他的公司。

　　史上最重的人偶潜水铜人诞生了，重八百克。这个角色带点铁人兄弟的影子，线条仍然粗犷。做工极度精细，配件全是真的金属铜，头盔也用磁石做成，可自动吸附。人偶身上的潜水皮衣、手套，用的全是最好的人造皮革。

　　从前铁人兄弟各有主场，Kenny 负责造型及宣传，只知精益求精，缺乏生产经验。而今独立掌控生产环节，他才发现坏了：仅两年皮革就会自然分解，表面处处开裂，包装用的本是最好的材料、最漂亮的颜色，孰料这样的盒子最容易刮花。

　　一步错，步步错，玩家要求高，往往像拿着放大镜一样审视作品。盒子被刮花一点，就要求退货，要再订包装盒。Kenny 憔悴不已，神情落寞，一个人坐在工作室，把盒子拆了又包，包了又拆，郁郁寡欢，"几肉赤啊（多心疼啊）。"

　　潜水铜人十八不是不受欢迎，其造价甚至比铁人兄弟时期的橙贼更高，细节达到艺术品高度。李维斯曾与迈迪蔻玩具合作，联手 Kenny 推出潜水铜人版 BE@RBRICK。

Kenny 工作室大厅的展柜中，在大型 Molly 人偶一旁，仍放着与 threeA 的阿什利合作推出的一比六潜水铜人十八特别版。Kenny 小心翼翼打开潜水头套，露出人偶精致入微的机械构造——足足有五百多个配件。十五年后，他仍珍重道："我做这些，只有锋哥陪我疯。"

只是，他无法再凭一人之力走旧路，也无法超越铁人兄弟。潜水铜人十八质量高，成本也高，缺乏资金运营，他没有能力支撑下去。日子久了，他开始自我怀疑：是否该商业化一点？所有东西都太理想主义，你中意的东西就要别人中意吗？

他筹谋另一条路：想尝试 IP，一直做下去。

初遇 Molly：遭遇严重危机

二〇〇六年，Molly the Painter 诞生了：小女孩有着金色的卷发，大大的湖绿色眼睛，迷幻诡谲的眼神，嘴角上翘。

这些年来，Kenny 把 Molly 的故事一说再说：太平山山顶，一次香港插画师协会的慈善活动中，他与一群小朋友互画，遇上一位叫 Molly 的外国小女孩，她金发蓝眼，神情倔强，嘟起嘴，别扭地不愿他接近。

这个小女孩在 Kenny 脑海中挥之不去，他为她画了一幅肖像，在公司放了一周，又循创作人的思路，想着："我中意，应该好多人中意？"与此同时，他重新规划公司的发展方向，打算设计一款较为印象派的人偶，向商业化发展。

设计思维很简单，Kenny 要那种"莫名其妙爱上她"的感觉。他的脑海中出现许多令人印象深刻的作品，Molly 的形象渐渐酝酿成形：有布莱斯

Kenny Wong 手绘草图

娃娃那样的大眼睛，配上致敬失眠夜娃娃的湖绿色；眼下要有日本女明星药师丸博子的泪痣，头发得像《龙虎门》中龙小虎那样起尖角；线条要像出前一丁包装上"日清仔"那样浑朴圆实，以粗线条为主；神态则要具备Hello Kitty一般没表情，却能让每个人看出不同表情的能力——似笑非笑，似怒非怒。

他兴冲冲地尝试全新风格，完全低估了制作难度，以为线条简单，立体化也简单，便像设计机械图一样，把正面和侧面图转交师傅。收到样品后他大吃一惊——成品荒腔走板，嘴巴线条都歪了。他这才想起来，线条设计得越简单，立体化越不容易。之后他自己用泥雕了一个模，再交给师傅。

最开始Kenny转变风格时，身边人并不赞同。他喜滋滋地画好Molly初稿，满心期待地拿给朋友的小女儿看时，小姑娘童言无忌，说："哇！好核突（好丑）！"这句话令他如遭暴击，心道："死啦，货在造了，小朋友都不中意，惨了……"

果然，单飞后第一年他去了台北国际玩具创作大展，在以潜水铜人十八为主题、形似潜艇的摊位一角放置的Molly始终无人问津，只有一个小朋友驻足观看。

那段日子，他走进了死胡同，四百个Molly四年也卖不完，得送人。设计师玩具生产规模小，生存本就困难，Molly仍在找投资，没有回本，而潜水铜人十八系列只推出了三个，因成本高，一直蚀本，缺乏吸金能力。工作室一度濒临倒闭。

撑了两年，又撞上二〇〇八年金融海啸。工作室依靠接零星设计工作维持，也只是杯水车薪。

工作室出现严重的财务危机，有那么一刻，Kenny只觉前路茫茫，灰心丧气地想：不如我回去做插画啦，反正我中意画画这事。太太也是插画师，和他一同经营工作室，她温婉地说："其实你好中意做玩具呢样嘢（这件事），系你天分嚟（是你的天分来的），只不过仲（还）未够时间。"她愿意一起

Princess Molly(蓝色)

挨下去。这句话令 Kenny 深受感动：好！不要让她失望，继续做。

一天到晚坐在空荡荡的工作室内、无计可施的 Kenny 决意向朋友取经。他打了两个电话，第一个打给十分有经营头脑的 Toy2R 老板蔡汉成，蔡汉成语重心长地说："Kenny 你唔系咁（不是这样）做生意，唔可以将成本放落去呢个（投到这个）生产量咁少的公仔上，造模具都几万。定价要贴近市面，先评估人哋（别人）愿意用几多钱去买呢个（这个）造型。"

之后 Kenny 再致电锋哥，向他请教销售策略，锋哥倾囊相授："在指定时间，你有一个特定数量，在好短的时间推出，十一月十一日十一点十一分，用好独特的时间性，令人好冲动，讲紧几多秒钟就卖完。"Kenny 不敢相信，惊叹："咁犀利（这么厉害）？"马死落地行，他决心掏尽毕生积蓄，赌一把大的试试。

二〇〇八年，正值北京奥运会，Kenny 没钱买版权，便将 Molly 与奥运（Olympic）二词各取半截，别出心裁地为新玩具命名"Mollympic"。玩具一套十二款，有不同的运动造型，有意将售价调低。乘着时势，玩具被许多媒体报道，Kenny 又致电朋友，朋友各自要了一百个。算起来，虽然没钱赚，但 Kenny 有了许多客人，也学到一课——价格很重要，必须让玩家有追完整个系列的冲动。

一念转运，Molly 起死回生，分成几路发展。首先，针对世界各地的收藏家在网上销售。其次，根据各地情况打开市场：给美国人提供大型雕塑在画廊摆放；在香港本地则一边做展览，一边打开大众市场，并与服装品牌优衣库合作；在内地，则授权手袋公司卖 Molly 产品。

Molly 五周年之际，五月天主唱阿信的经纪人提出合作，Kenny 当时还不敢相信。过了不久，一天晚上，阿信上门，与台上能量爆炸的形象截然不同，Kenny 差点没认出来。阿信打开握着的拳头，露出画在手心的 Molly——原来之前他还到处问人认不认识 Molly 与 Kenny。

他问 Kenny 愿不愿意合作，Kenny 激动得说不出话来。Kenny 拍下一张阿信手心的照片，放在微博，粉丝数立即暴涨。此后两人不时互动，Molly 在内地渐渐受到欢迎。

Kenny 把自己当成 Molly 的爸爸，粉丝则说阿信像 Molly 的哥哥。在 Kenny 眼中，阿信是救了 Molly 的天使。"他说你的东西好，全中国都会觉得你的东西好，全世界都觉得好。"

与阿信的品牌 Stay Real 合作推出零钱包、服装、手机壳等产品后，Molly 才在世界各地红了起来，红到新马日韩地区，红到连迪士尼、麦当劳都指名要合作。

Kenny 没想到的是，改变才刚刚开始。

遇上王宁：Molly 风靡内地的开始

二〇一六年四月一日，泡泡玛特 CEO 王宁来到香港 Kennyswork 工作室，签下 Molly 的独家版权——从那时起，Molly 在中国成为现象级 IP，每年狂销数百万个。

在这背后，有一段"三顾茅庐"的故事。第一次会面，王宁就提出要买 Molly 的版权，Kenny 断然拒绝，觉得对方太年轻。他没有把真正的原因说出来：当时 Molly 在国内已有二十个销售点，销量尚算稳定，也已计划加快发展速度。他为什么要相信一个陌生人？

他没想到会三番五次在各大展会碰上王宁，对方百折不挠，甚至来工作室拜访。

每次见面，王宁总有很多故事要说。日积月累，王宁那股傻气让 Kenny 有所动摇。

"傻"这个字，对 Kenny 而言至关重要。他口中的"傻人"有许多，比如因飞行员模型须制作降落伞，便上网订购真降落伞做参考研究的 Hot

MOLLY 的愿望

Kenny Wong 手绘草图（Molly 的一天系列）

Toys 创办人陈浩斌；至于 threezero 的锋哥，不只傻，更是疯子，当年 Kenny 同他合作的人偶橙贼，不仅配有金属行李箱，箱中还藏有枪，枪膛内上了子弹，锋哥统统帮他做齐。"我也是傻人，我们要找傻人才能做到傻的事。"傻人难寻，傻在天真拼搏不计较，傻在有近乎疯狂的拼劲和追求。

王宁创业前卖不出的西装仍堆在家里，Kenny 也如此，早至中学的作品，迟至卖不出的潜水铜人十八，他全部留在仓内，即便包装褪色了，也不肯丢弃；王宁聘请的全是师兄弟，Kenny 看得出王宁念旧，日久见真心，"你就知道这个人不会坏到哪儿去"。

有一次，Kenny 问他："你终极目标是要做到怎样？"王宁答："大过迪士尼。"话音刚落，王宁太太也笑了。Kenny 第一反应是忧心他夸大，"吓？！比我想象中大这么多？"不过有那么一秒钟，他竟然相信了王宁。Kenny 沉吟后说："你竟然有个这么疯狂的梦想，我反而好有兴趣……我会支持你。"

创作十多年，Kenny 深知合作过程中，合作方有多强势，创作人就有多容易落入脆弱境地。他曾多次与迪士尼合作，效果虽很好，但他始终记得那一幕，对方给出一大沓厚厚的合同，明言："你不用看了，只说 yes or no，因为条款没法改。"他跟全港最大的慈善机构合作，对方起初没预算，无法给设计师酬劳，他拒绝几次，对方忽然又有预算了。如此种种使他确信："你不去争取、坚持，最后就会被骗。"

"他的故事好好听，我被他哄住了。"Kenny 最终被王宁打动，愿意合作。但他仍万分谨慎，与泡泡玛特分开签了十份合约，分阶段交付各地区的版权。签其中一份合约时，双方坐在桌子两边。Kenny 签下大名后，王宁忽然郑重地说："你不是把女儿卖给我，是我们结婚。"Kenny 又好气又好笑——可不就是卖女吗？他当场感叹："你这个人真的很会说话。"

合约条款列明，Kenny 每交一个地区的版权，王宁一方须完成各项指标。如果说签约时，Kenny 尚有一丝忧虑，这忧虑后来也被泡泡玛特以销售成绩化解了。一切超越 Kenny 的期望值，最后，王宁成功签光了 Molly 全世界的版权，Kenny 把一切都交给他。最后只有店铺数量未达承诺，但 Kenny 理解王宁开店有品质要求。

王宁的人品令 Kenny 释疑，成为他口中的"老板"。无论泡泡玛特成绩多好，王宁始终对他谦逊以待。签约后，王宁慷慨地说："Kenny 你可以拿我 IP 做你想做的，只要告诉我，不要超出好夸张的数量，都可以做。"合约内除了列明收入，也有额外分红，王宁更聘 Kenny 为公司顾问。

即使到了现在，Kenny 仍不时跟王宁说："我那时候不相信你，但由我不相信你，变成好信任你，我觉得你真是不简单。"

工作上，Kenny 与泡泡玛特磨合了一年。以往他一个人包办创意、起稿，以及用电脑软件立体化等工序，平均一年只做四个人偶；如今他一年做七至十个系列，每个系列十二款，一年起码超过五十款。

How2work 负责为 Kenny 做较大的人偶，多是搪胶人偶，泡泡玛特则大量制作盲盒、吊卡玩具和小人偶。现在，Kenny 只须把草图交给他们，对方已摸熟他上色、画草图的要求，新产品生产顺畅。

有一天，他突然收到王宁的微信："Kenny 你的公仔卖了一百万只。"他身在工作室，又感动又觉得夸张。最初四百个 Molly 四年也卖不完，现在销量暴涨至一百万，翻了两千五百倍，他从未想象过。他立即向太太及其他几位员工宣布这个好消息，大家鼓起掌来。

但骨子里，Kenny 仍是创作人。为避免创作受影响，他平日刻意不管 Molly 的销售数据，只靠看看泡泡玛特偶尔传来的销售数据图表。但图表仍教他心惊胆战，他提笔唰唰画了折线图，看着直线由平稳、缓慢上升到近八十度角陡峭，幅度过于疯狂，令他感觉仿佛正站在悬崖边。市场疯狂而捉摸不定，他曾设计过 Molly 昆虫系列，并用一贯的创作思维说服王宁："昆虫我中意，应该有好多人中意。"可产品上市后，销量惨淡，反而西游系列特别好卖，这完全出乎他的意料。

Molly 西游系列

Molly 小画家 3 代（原色）

Molly 空姐（红色）

Molly 宇航员小雪

Molly 上海歌女

其实，老玩家如他，对源自日本的销售方式"抽盲盒"并不陌生。这种形式被泡泡玛特进一步运用于零售业，联结线上线下，风靡全中国。Kenny 也忍不住尝试。他了解玩家抽盲盒的心理，很像他小时候玩扭蛋的心态。那时他总是盯着扭蛋机内的一个个玩具，看中渴望的款式，他便兴奋地投下币。孰料抽到雷款，他捶胸顿足道："哎啊！哎啊！"心情像去了地狱又折返人间。

王宁曾请他别设计雷款，因为雷款相对没那么多人喜欢。他不同意：要是没这个，就不会有从地底到天堂的感觉。

对于 Molly 的商业化，他从不介怀，也不自诩艺术家。"生命本来就是妥协，首先我要维持安稳的生活。"

有生活，才有艺术。他的工作室内挂了一幅幅大型油画，墙角则放满画具。Kenny 喜欢画画，多画 Molly，也有其他创作。这期间不是没有艺术公司向他招手，但他偏向随缘。艺术收藏家买画投资，会评估画的升值潜力，不像玩家买玩具那样单纯。

时代的记忆：永远的 Molly

玩具与人的联结更加纯粹。Molly 好似一个歌手，有她自己的支持者。Kenny 好笑地说，他曾被 Molly 粉丝误会成西班牙人、日本人甚至女画家。铁人兄弟时期，他曾以写实风格吸引了一小批铁杆粉丝，多为男性，以专业人士为主，年龄跨度大；而 Molly 的粉丝则以女生居多，很多只识 Molly 却不知 Kenny。

作品活了，创作者退居二线。Kenny 在展览现场签名时，许多粉丝对他说："多谢你，创作一个这样的人物，安抚我们的世界。"他感觉，Molly 粉丝的共通之处是敏感，Molly 成了一剂抚慰人心的良药。"初时我以为自己的设计是毒药，原来可以帮到人。"

"铁人兄弟是大人世界，Molly 是大人的小朋友世界。前者在现实世界中呈现大人状态，后者是大人舍不得的昨日的自己。"不像潜水铜人十八，Molly 没有自己的故事，谁看到了，都可把自己的灵魂代入。

Molly 走进许多人的世界，有一百个人买 Molly，就有一百个理由。有一位母亲和领养的孩子关系不好，只有逛街时说起 Molly，孩子才有反应。Molly 成为母子关系的纽带。还有一位母亲私讯 Kenny，请求他到圣德肋撒医院隔离病房，在大手术前探望一下她病重的十二岁女儿。这家人特别喜欢 Molly，Kenny 便带去两个系列，小朋友撑着病躯，顿时打起精神。Kenny 也忘不了，多年前有一个要向女友求婚的男生在微博找上他，花了足足八万人民币买下 Molly。这条求婚的微博，获得九千多个转发，三千多个点赞。也有早期粉丝成家立业后带家人来买：一对泰国粉丝夫妇带了一位小朋友（也是粉丝），小朋友叫 Kenny 老师，要交功课给他，并与他定下每年之约。小朋友每次都认真地交出一大沓写着详细设计概念的画作，Kenny 都会逐张细看。

没有什么比做出自己的作品更令人开心快乐的了。Molly 形象再多变，但嘟起嘴的倔强神情始终如一，柔软又纯真。

Kenny 看透了这个浮躁的时代，他知道大人心内藏了一个小孩，他们不敢表达自己，与人有隔膜，就跟十多年前山顶上那个明明想接近他，但又别别扭扭的小女孩一模一样。他渐渐明白，Molly 是一面镜子，映照现代人的内心。"她好似自己，固执又忪忪憎憎（脾气暴躁），又好似鄙视这个世界。"

以往他曾想过让 Molly 长大，最后还是作罢。"长大了就破坏人心目中对她的想象，"Molly 像一个永不被破解的魔法，"不可以将背后的 magic 讲出来。"

Molly 如同梦幻岛上自由自在、不会长大的彼得潘。潮流来去匆匆，但 Kenny 希望 Molly 超越时间。在他心中，"潮流玩具只不过是世人帮她起了个名。她是一个经典 IP，可能会在短时间内停顿，但不会死去。"

香港潮玩圈也不会死。他们这群人一同成长，惺惺相惜。多名创作人为传承行业脉搏，组成"可动艺术联盟"（Artion Association）。铁人兄弟三人也从未真正分开，只是在各自修行，周年纪念时他们偶尔还会推出纪念版玩具。

二〇一四年，由 How2work 的 Howard 与两个伙伴接手主办的大型玩具展览 Toy Soul 开展，大众终于对设计师和艺术家的玩具重拾兴趣，香港潮流玩具重生。

与此同时，Kenny 亦不忘提携后起之秀，两个徒弟毕奇和 Kila 青出于蓝。从小到大，Kenny 一直梦想成为科学家，如今作为设计师的他，在疗愈人心之余，也想改善世界，希望未来能与科学家或机构合作，以作品传递环保和教育理念。

小时候发白日梦，Kenny 幻想要造出一座雕塑，或者平地起高楼——以便有作品流传后世。长大了，他却有了新发现：大厦都会拆，但玩具留到现在。满室 Molly 包围之下，他微笑着说："做公仔其实都是眷恋这个世界，不舍得这个世界，要人记得你。"

动画《寻梦环游记》说："当你被所有人遗忘，才会真正地从世界上消逝。"只要有人记得，Molly 的故事就尚在人间。潮流逆流，永恒不老。▲

Kenny Wong

Part3 浪潮

泡泡玛特的突围：
带领潮流玩具从小众迈向大众

文 / 桑桑

触发大潮玩时代的小小 Molly

二〇一六年七月七日，小暑，南京暴雨。王宁和司德在南京出差拜访客户。两人已经到了楼下，但临时决定晚上楼五分钟，这五分钟不是为了再在心里预演一遍会议策略，而是在等待一个"战果"——中午十二点，泡泡玛特出品的第一代 Molly 在天猫上线预售，星座主题，一套十二款，售价七百零八元，限量两百套。但作为泡泡玛特的创始人，王宁还没有见过实物，准确地说整个团队都没有见过。

Molly 是香港设计师 Kenny Wong 设计的人偶，是个拥有湖绿色的眼睛、金黄色卷发的小姑娘，同时它也是泡泡玛特公司转型的关键。这个小人儿从获得版权、设计到开模制作，投入上百万；整个团队破釜沉舟，为了它押上了全部。然而，到目前为止，能拿出来宣传的物料也不过一张海报而已。如果这一战失利，对团队中的每个人来说都可谓"打回原形"。

王宁问："你猜一会儿能卖出去多少？"

时任泡泡玛特品牌总监的司德站在一旁，想了想，说："一百套吧。"

王宁语气中带着从容："我觉得你可以更大胆一点。"

大胆，这个词司德再熟悉不过了，尤其是从王宁口里说出来。在筹划 Molly 上线时，团队也曾讨论过是上五十套，还是一百套。当时，Molly 只是在设计师玩具的小圈子里有点名气；而且花七百多块钱买一组不足十厘米高的塑料娃娃，发货时间还要延后两三个月；从哪个角度来说，这都不符合大多数人的消费习惯。团队积累了多年的一线零售经验，这样的犹疑不能说没有道理。但最后，王宁拍了板："大胆点，上两百套。"他似乎一眼看出，这是对的事。

十二点整，司德打开天猫店铺，竟然发现产品链接不能购买，反复刷新多次，仍旧如此。他以为后台设置出了什么问题，那一刻心速飙了起来，仿佛落入了商战电影的桥段。他立刻打电话向同事确认情况——售罄，只用了四秒。出乎所有人的意料。

对如今已成为潮流玩具行业巨头的泡泡玛特来说，两百套这个数字算不得什么；甚至数次在新款玩具的发售日，经历过刚有同事喊出"我们开卖啦"紧接着就听到"我们卖完啦"的情境；但对司德和王宁来说，二〇一六年酷夏的这个瞬间，带来的震撼是最大的。他们相信自己做的事是对的，但从未想到面对的是如此狂热的需求。激动褪去，这个时刻留给他们更长的余韵是——感动。团队顶着压力、风险，闷头苦干的事情，终于听到了回响。

Molly 的首秀有效触达了小圈子里的粉丝，但泡泡玛特的目标不是小圈子。好的东西，值得出圈。

如果在中文网络搜索"潮流玩具"这个词，你会发现在二〇一六年之前，似乎很少有人提及。但 Molly 并不是二〇一六年才诞生的，潮流玩具也不是在二〇一六年凭空出现的。事实上，早在千禧年前后，潮流玩具就曾在香港掀起过一阵巨浪，当时玩具圈更常用"设计师玩具""艺术玩具"指称这类专门面向成人、融入了绘画、设计、艺术等多重理念的玩具。但在筹

泡泡玛特出品的潮流玩具

备 Molly 上线时，泡泡玛特团队排除了众多既成的名称，选定了"潮流玩具"这个词来概括他们要做的事。"潮流"超前于大众，同时也属于大众，"潮流玩具"是人们更能理解也更愿意接受的概念，这个名字天然地拥有广阔的受众。

经由一系列具备战略目光的规划、高效率执行，如今这个嘟着嘴巴的小女孩 Molly 已经走入了大多数年轻人的生活，它占据着无数书架、办公桌最醒目的位置，是微信朋友圈、微博、小红书等社交 App 上的红人，更成了聚会时的高频话题。通过这个小女孩，泡泡玛特给年轻世代带来了"潮流玩具"，这是一件有形状、有分量、可以拿在手里的实体，也是一种能承载美好，长久留在身边的寄托。

另一方面，Molly 也是泡泡玛特的福将，借由 Molly 的成功，如今已没有人会质疑泡泡玛特是中国最大的潮流玩具 IP 运营商，也是全亚洲潮玩销量最大的零售商之一。

时代给了泡泡玛特机遇。经过几十年的经济飞速发展，中国已经成为世界第一消费大国，年轻一代拥有了充足的可支配收入和更自由轻松的消费心态，正如日本著名管理学家、经济评论家大前研一提出的"一个人的经济"——一个人生活最大的消费主张是，即使不便宜，也要买自己喜欢的东西。与上一代务实的消费观念不同，在年轻人中，消费多半是去购买一种生活方式，甚至是心理体验。大前研一称之为"悦己化消费"，区别于取悦他人的炫耀性消费，更关注自身需求，愿意为自己的兴趣爱好埋单。

潮流玩具天然地契合了年轻人"非生活刚需"的悦己消费心理，小小的玩具是社交表达的载体，也承载着玩家的自我投射。从二〇一八年起，泡泡玛特以百分之两百的销售增长，进入高速成长期：二〇一九年天猫"双11"泡泡玛特的销售额首次超过乐高、万代等知名国际品牌，跃居玩具大类第一名；二〇二〇年的天猫超级品牌日，进店人数超过一百五十六万，成交额稳居玩具大类榜首。拉开潮玩时代大幕的 Molly，早已超越了玩具的定义，通过跨界联名的形式，它出现在乳品、休闲食品、化妆品的包装上，成为年轻消费群体中极具人气的 IP 形象。

玩潮玩时，我们在玩什么

潮玩为什么潮？潮流玩具对成年人的吸引力到底在哪里？每个玩家都可以用充满情绪与故事性的"入坑经历"做出回答。

小新，二十三岁，北漂，初入职场，做新媒体运营。对她来说，每个工作日的中午都有个"固定节目"——在公司对面商场顶层吃过午饭，乘电梯来地下一层的泡泡玛特遛一圈，免不了摇盒掂分量，满怀期待地挑上一个；回到工位上，郑重地拆开盒子，不论得到的是不是最想要的款式，小人儿钻出包装的那一瞬间，都会让她觉得这个下午是从美好开始的。

起初，小新只是在午休闲逛时瞥见过这家店，乍看上去是个杂货小店，没有引起她多大兴趣。直到某天被同事拉了进去，她认识了 Pucky，而且在相遇的第一秒就被这个小娃娃收服。回忆起那次经历，她说："就是彻彻底底被颜值打败了，像个冰激凌宝宝一样，太可爱了，完全没有抵抗力。"

入了 Pucky 的坑后，泡泡玛特也成了她和男朋友约会的打卡地。"其实，很多店进去之后，可能是逛，可能是买；但是一进了泡泡玛特，会让你觉得是在玩，就是像小孩子那样没有什么目的地玩，就是开心。"也许在她看来这种氛围和恋爱一样——没什么目的，就是开心。和男朋友一块儿收集盲盒，就像两人一起升级打怪，共同努力做好一件在外人眼中不那么正经的正经事，这只对他们重要，其他人不必了解。

"我们更像一家内容公司，先把握好内容质量，其次是更重要的情感附着。"王宁这样说。如果只评估玩具的物理价值，说它是塑料不算错；但

PUCKY 宇宙

PUCKY 太空猫 2

ROBO.P

PUCKY BB 鸟

PUCKY Tree Girl

真正的品牌传递的不是商品，而是文化，是情感。对于泡泡玛特来说，对 Molly 等玩具形象的极致追求，就是在打造高品质内容，以此承载玩家的寄托。玩具不仅仅是"一堆塑料"，就像油画不仅仅是"一堆颜料"，这也是潮流玩具的商业逻辑。

常有人疑惑，为什么海贼王、火影忍者这些有故事背景的手办，大多还停留在动漫小圈子里，而泡泡玛特出品的没有故事支撑的玩具，却收获了那么多狂热的粉丝，甚至有人愿意为它们彻夜排队？在王宁和 Kenny Wong 的一次交流中，可以找到这个问题的答案。

两人曾讨论过 Molly 的人物形象，为了让这个小女孩看起来更讨喜一点，王宁说："能不能让 Molly 的嘴角上扬一点，就像在微笑一样，看起来更可爱一点。"

Kenny 说："不行。"

王宁又换了一种思路："或者把嘴角往下拉一拉，显得更倔强一点呢？"

Kenny 的回答仍然是："不行。"

这让人很疑惑，为什么要让小女孩的表情如此模棱两可，不好定义。

Kenny 说："是希望你开心的时候看她，她就是开心的；烦恼的时候看她，就是烦恼的。"

形象的多义性使 Molly 像一个容器，最牢固也最柔软，温润的同时也可以冰凉，任何人都能把自己的情绪放进去。人们收藏潮玩，是因为可以为它赋予各种意义，它告诉别人，你做过什么，你喜欢什么。这和收藏邮票、黑胶，甚至更日常的餐具、包、钢笔一样，都是为了告诉别人，你是谁。不同的是，玩具作为一种表达，以具体的形象呈现出来，直接触达视觉，更直接也更有力。每个时代都有自我表达的需求，只是不同的时代，有不同的出口。

事实上，短视频的盛行正说明，现代生活中人对时间的使用已经发生了巨大的改变。十年前，我们会花无数个夜晚去听喜欢的歌手的新专辑，去追几百集的动漫，借由这种长时间的沉浸式体验，一点一点积累下来对这些超级 IP 的爱。而如今，移动互联网上信息爆炸，太多的内容把普通人的白天和黑夜打成碎片，人们在看的是三四行一段的公众号图文和条漫，歌手更常推出单曲，拼音乐的同时，也开始在 MV 的画面视效上砸钱；像传统 IP 那样，在时间的淘炼中成为经典，是一件投入巨大且风险巨大的事。潮流玩具作为一种新型的 IP 形式，只提供一个形象，没有故事背景则降低了接受信息的门槛，只要把形象做到极致，所有内容都会通过视觉、触觉直抵内心，这种方式也更契合当下人的生活方式。潮流玩具与情感、表达相联结的这套逻辑，可以说是应运而生。

顺风时改变航道

泡泡玛特的雏形，是王宁在郑州读大学时，在学校附近经营的店铺"格子街"，其模式是把货柜分成无数格子，租给不同的小商家，售卖不同产品。格子街虽然利润很薄，但客流量始终不错，一直都有盈利。毕业后，王宁开始了北漂生活，先是进入一家教育类公司，看着所有人在那儿努力"表演"上班；后来在一家互联网巨头的市场部，每天就是改一下 PPT 的标题，变出一个新的策划案，在他看来工作非常无聊。

将王宁点燃的，是一本偶然获得的屈臣氏的标准作业程序手册。他发现格子街时期遇到的所有问题，在这里都能找到答案。他成日研读，甚至想去屈臣氏总部工作，了解最先进的零售业态；但对方拒绝了他，认为这年轻人年纪不大，野心不小，大概率是把这份工作当成跳板。当时，王宁二十二岁，他转手了郑州的店铺，得来二十多万，决定用这笔钱作为初始资金，把格子街搬到北京。

二〇一〇年冬天，第一家泡泡玛特在北京中关村一家商场的地下一层开业，店铺延续了格子街的模式，但不再出租格子，改为自主选品。此时的泡泡玛特只是一个潮流杂货的渠道品牌。所谓"潮流杂货"，指一切有意思、新奇的文创产品、玩具、家居品、数码产品等；"渠道品牌"则是与供应链品牌相对的概念，商品生产后依靠物流经由经销商、批发商、零售商等，最后才到达消费者手中，零售商等被称为渠道。早期的泡泡玛特对标日本的生活方式集合店 Loft，是典型的零售企业，依靠选品、展陈、店铺设计、店内的背景音乐等元素，搭建起不可复制的消费场景，让年轻人带着轻松寻宝的心态，像逛超市一样，自由选购这些带着流行属性的商品。泡泡玛特名字里的 pop 和 mart 说出了它最重要的两个关键词。

当时，泡泡玛特算得上是国内第一家做潮流杂货的零售商，"潮流"这个词使它在年轻人中迅速打开了市场，凭借先发优势，泡泡玛特的线下店迅速发展壮大，巅峰时期店铺 SKU（库存保有单位）高达一万件，团队气氛前所未有地乐观，所有人都干劲十足。

在越烧越旺的势头下，王宁敏锐地感到了一些不对劲。随着电商平台的快速崛起，泡泡玛特代理的商品不再稀缺，轻易就能在网店中找到，另一方面，在价格上，线下门店也逐渐失去了优势。尽管泡泡玛特还处于快速增长的状态中，但王宁认为："高速增长背后的逻辑是不健康的。这种模式下，要更多收益，就得有更多产品，就需要更大的店面，投入更多人员。"顺风的时候，很容易长出肥肉。规模、扩张速度不应是企业的唯一追求，就像性价比不是产品的唯一追求。LV 高管曾分享过一个有趣的见地：很多女孩子工作后最大的梦想是攒钱买一只 LV 包，LV 不打折也是在守护女孩们的这个梦——很多时候，品牌才是企业的终极护城河。

为了明晰定位，店铺的 slogan 一度改为"买礼物就去泡泡玛特"。然而另外一个问题接踵而来——什么是礼物？每个人对礼物的理解都不一样。同时，零售商发展到一定规模必然面临一重尴尬的境遇，顾客喜欢的是店里的商品，认可商品的品牌，而不是店铺招牌。对当时的泡泡玛特来说，

Sonny Angel

它对好产品的依附，远大于好产品对它的依附。那么泡泡玛特又是谁呢？

业务加速扩张，一切看起来顺风顺水，可王宁果断决定改变航道，收紧泡泡玛特经营的品类，砍掉了一些没有竞争力的产品，比如服装、美妆类。但一家企业的长足发展最重要的是清楚自己要做什么，而非不做什么。泡泡玛特想拥有自己的品牌，必须先明确行进的方向。

二〇一五年泡泡玛特的明星产品，是一款日本极具人气的娃娃 Sonny Angel。这个有着圆滚滚眼睛、凸凸小肚子，光着屁股的小娃娃，为公司贡献了约三分之一的收入，而且几年来一直保持着快速增长的势头，拥有极高的复购率。它不仅契合了"潮流""礼物"泡泡玛特品牌的两大属性，还因为体积很小几乎不占库存，对有仓储压力的零售商来说非常友好。同时，网络上众多 Sonny Angel 的玩家在泡泡玛特的官方微博上互动留言，晒图分享，并且自发形成圈子交换不同款式的玩偶。这些都让泡泡玛特意识到，物品可以成为话题，玩具也能成为一种社交表达。而这种超越语言，将人与人链接起来的能力，是真正的品牌所应该具备的，也正是泡泡玛特想要的。

当时，Sonny Angel 在中国大陆有很多家代理商，核心团队立刻飞往日本拜访 Dreams 株式会社，想取得这款玩具在中国大陆的独家代理权。日企的经营秉持"平衡之道"，不愿意把鸡蛋放在一个篮子里，委婉地表示了拒绝，即便当时泡泡玛特是中国代理商中销售成绩最好的一家，他们仍不希望出现一家独大的局面。

二〇一五年时，泡泡玛特虽然规模还不大，但已经建立了非常强力有效的零售网络。他们想要的不是年轻群体中炙手可热的天使娃娃，而是撬动公司发展轨迹的一个拐点。那么，泡泡玛特不可以有属于自己的 angel 吗？

潮玩帝国的诞生

二〇一六年一月九日，晚上八点，在北京酒仙桥的颐堤港泡泡玛特店，王宁发了一条微博："大家除了喜欢收集 Sonny Angel，还喜欢收集其他什么呢？"——Molly，留言中超过一半网友给出了这个名字。

拐点来了，这条微博帮助泡泡玛特找到了属于自己的 angel，从根本上改变了公司的命运。时至今日，一位高管回忆起这件逸事，打趣说道："这条微博值一个亿。"

四天后，泡泡玛特核心团队一行人飞到了香港 Kenny Wong 的工作室。"就在进去的那一刹那，我基本上确定了要和他合作。"从事多年市场工作的司德，崇尚理性，相信数据，不了解潮流玩具，也没有什么特别的收藏爱好。但工作室里满屋子的作品、画、雕塑、玩具，凌乱摆放中形成了极具吸引力的独特场域，司德一下子被打动了，"我没那么懂艺术，但给我的感觉就是非常对，没法具体形容。"王宁想起那个瞬间，也总会打趣说："就像找到了在餐厅唱歌的周杰伦。"

这次香港之行让他们看到了希望，但谈判并不顺利。一家来自内地的公司，年轻的团队，不熟悉潮流玩具，更何况 Kenny 也有过失败的签约经历，他很难相信商人，也不愿意花时间与之周旋。相比授权费用，他更在意的是这些人能否把作品视为自己的孩子。"我觉得他们太年轻了。"Kenny 回想起那次会面淡淡地说，"我现在都这样跟王宁讲，我说那时我根本不相信你。"

和 Kenny 持续沟通了四个月，信任才一点点建立起来。首先助力泡泡玛特的是早期建立起来的销售网络。在 Kenny 的经验里，潮玩在香港流行起来，非常依赖旺角街头一个个铺面很小的玩具店，而当时泡泡玛特拥有不少线下实体店，均位于一线城市的主流商圈，每日人流量是最大的优势。其次，标准化销售、丰富的管理经验、亮眼的店铺设计，以及店内迎合年轻人的购物气氛，都能有效加持玩具的销售。另外，面对艺术圈前辈，泡泡玛特始终给予了足够的尊重与诚意，这让 Kenny 在交流过程中逐渐获得了安全感。此外，这个团队以年轻人特有的、乐观的理想主义点燃了 Kenny。

有一次 Kenny 问王宁，你的终极梦想是什么？王宁说，大过迪士尼。

"他（王宁）太太也在，讲完连她都笑了一下。然后我说，你真是比我敢想。"Kenny 回忆道。

王宁立刻意识到，面对自己倾注心血的作品，哪个艺术家希望它仅止步于小圈子，只有寥寥几声回响呢？他满怀信心地对 Kenny 说，泡泡玛特的使命就是帮助像你这种在小圈层已获得巨大成功的艺术家，实现真正意义的成功，被更多人认识——"我们一起努力把 Molly 变成迪士尼的米奇。"

那一秒钟，Kenny 忽然相信了他。"你竟然有个这么疯狂的梦想，我

Kenny Wong 在工作室

反而好有兴趣……我会支持你。"谈起当时的王宁，Kenny 只觉得是个特别有意思的年轻人，他说，他令我由不相信变成相信，他态度很好，对我讲话很谦逊，以他当时那个年纪、那个成就，还能用这样的语气跟我讲话，是不简单的。

二〇一六年四月一日，Kenny Wong 携 Molly 正式和泡泡玛特签约——泡泡玛特成为 Molly 在中国内地独家授权生产商以及独家授权经销商。协议长达二十页，规划了多个阶段，泡泡玛特完成当前阶段的任务，才能得到下一阶段的版权，像是在游戏里闯关，只不过，大结局不是解救全世界，而是获得 Molly 的全球版权。

签约后，王宁风趣地跟 Kenny Wong 说："你不是卖女儿给我，是我们结婚了。"

Kenny 听完大笑。

开始筹划 Molly 第一个系列的同时，另外一个难题来了——玩具供应链。成熟的头部厂商都摆在明面上，它们拥有稳定的订单，合作方都是世界顶级的玩具品牌，如美国的迪士尼、日本的万代。潮流玩具是什么，泡泡玛特是谁，为什么要把已经配备稳定的产能分给这些没有名头的年轻人？

但签了最好的作品，就要找最好的代工厂，这是泡泡玛特决定做潮玩时就已定好的路子，因为只有这样才能建立起标准化流程，为高品质的量产夯实基础。他们找到一家为国际知名玩具品牌服务的厂商，老板是香港人，在内地开了很多年工厂，却从没做过国内企业的订单。起初，他和 Kenny 一样拒绝了泡泡玛特，但司德再次拿出了打动 Kenny 的策略，"坐下来跟他聊我们想做的事，说我们都是年轻人，想做一点新的东西。"终于，对方同意给泡泡玛特百分之一的产能。接下来是为期几个月的设计、转 3D、开模、喷油、组装等一系列把设计落实到生产线的具体流程，但如何让 2D 形象在工业设计上呈现出最佳状态，是实操环节最大的难题。

泡泡玛特设计总监宣毅郎学美术出身，公司的 logo 设计、店铺整体视觉方案，都出自他手。上学时，他有一半时间都扑在玩具上，自己画、自己建模，有一整套完备的设计逻辑。而一只玩具从设计到出厂需要经历多少道工序，Molly 的一只小手到底做成什么形状，才能既美观又便于开模，这些是只有设计经验的宣毅郎从未接触过的。复杂的设计不能成模，为了追求极致的效果，他和工厂的工程经理拆分玩具的手掌、手指等部件，单独做模具，灌注开模后再组装；组装成形后一道明显的分型线赫然眼前，只好回过头再去调 3D 设计，费时费力费心思。有一段时间，宣毅郎天天猫在工厂，跟着有三四十年生产线经验的工程经理学习。

经过一个阶段的摸索，终于形成了批量生产上的方法论。如今，宣毅郎把玩具拿在手上前后看看，就能大概推测出是由几个模具配合做出来的。做 Molly 十二星座系列时，3D 建模花费了整整两个月，而现在他带领的设计团队用两三周的时间，就可以完成这项工作。当年，给了这些年轻人百分之一产能的工厂，眼下正在用它百分之七十的产能为泡泡玛特服务。

谈及宣毅郎的变化，司德笑着说："他是个挺神的人，以前是完全不说话的艺术家，现在已经变得天天去工厂盯工艺，跟人家算钱了。"不过，宣毅郎一直没有放弃对设计的热情，泡泡玛特出品的 YUKI 系列潮玩即是他的作品。与此同时，他也见证了泡泡玛特的从零到一、潮流玩具的一次大爆发。

此后，泡泡玛特一步步砍掉其他品类，全力转型，从零售端向潮玩领域的上游推进，在大多数人还不了解这个东西时，他们已经把该做的事都做好。到二〇一八年下半年，行业壁垒已经形成。围绕潮流玩具，它逐渐搭建起一整套产业生态：从挖掘艺术家，IP 开发与运营，到完备的供应链、线上线下销售渠道，以及潮玩文化的推广。如今泡泡玛特在世界范围内已经签约了二十五位优秀的艺术家，运营八十五个 IP，除了爆款 Molly 还有当红的 Pucky、Labubu、Dimoo 等；在国内拥有一百一十四家零售店铺，以及八百二十五个机器人商店（自动贩售机），并不断扩展海外市场，入驻韩国、日本、新加坡及美国等二十一个国家及地区；每年在北京、上海举办两场亚洲最大的潮流玩具展；拥有超过三百二十万的注册用户，以及专属的潮玩社区 App 葩趣，让潮玩爱好者有了属于自己的聚集地。[①]

二○二○年十二月十一日，泡泡玛特正式在港交所挂牌上市，开盘后股价一度翻倍，市值突破千亿港元。短短四年，泡泡玛特已经成为潮流玩具行业的头部品牌。

站在商业与艺术的交叉点上

事实上，潮流玩具不是一个全新的事物，千禧年前后这类玩具盛行于香港；退得更远一点讲，在日本或者欧美国家，"大孩子手办"都拥有不短的历史。但在过去很长一段时间里，人们印象中的这些仍是非常小众的、亚文化的玩具，玩家也更偏重于男性。

泡泡玛特的贡献是率先扩大了受众人群，借由 Molly 这个极具表现力、亲和力的形象，将潮玩推到了女性受众面前，女性的消费能力更强，这相当于把潮流玩具引入了更大的池子。进而，聪明地移植了日本上世纪八十年代的"扭蛋"玩法，通过"盲盒"这种营销策略，强化购物体验，找到了属于自己的销售语言。推广盲盒的同时，泡泡玛特也在输出娱乐化消费的概念。早期，也许还会有店员向进店顾客介绍什么是盲盒，但现在几乎没有哪个年轻人不知道什么是盲盒，什么是隐藏款；借由潮流玩具的社交属性，越来越多的人知道了什么是潮玩，谁是泡泡玛特。

每年分别在北京、上海举办的国际潮流玩具展，也是泡泡玛特发展战略上非常重要的一环。它的价值不仅在于吸纳了海量潮玩爱好者，将曾经

[①] 数据来自 2020 年 6 月 1 日泡泡玛特向港交所递交的 IPO（首次公开募股）申请材料。

的小众趣味，打造成井喷式文化现象；更在于每年几百个带着最新作品参展的艺术家，泡泡玛特从中发掘出不少极具个人风格的合作伙伴。从另一视角来看，泡泡玛特逐渐变成了一个艺术家的创作平台，开始具备了一定的造星能力。就像综艺节目一样，早期主动邀请明星参与，但当这个节目越来越火时，情况就变成谁来参加谁就会变成明星。

假设你是一名潮流玩具设计师，和泡泡玛特签约后，一支专业的设计师服务团队会帮助你制定符合作品定位的产品规划，完成一年一到七个系列的主题和上市安排，提供 2D 设计图后，团队会提供一些与消费趋势有关的建议，但在设计上，泡泡玛特完全尊重设计师的想法。在此之后，你就完成了基本的工作，泡泡玛特会接棒进行下面的实体化、商业化。

"我喜欢商业，但我又不喜欢那么商业。"王宁说。在二〇一九年的新员工分享会上，他用《一个理想主义者的奋斗》为题回顾了自己的初心——寻找商业和艺术的平衡。站在演讲台上他说，泡泡玛特现在的经营模式，几乎实现了大学创业时就已在酝酿的构想——帮感性艺术家做理性的思考和判断，帮理性的人找到感性的出口。这是泡泡玛特之前、当下，以及未来一直要做的事情。

今天的中国尚不是玩具大国，泡泡玛特见证了过去几年中行业的快速成长，并仍在等待更多资本和玩家入场。根据公司发展规划，泡泡玛特会和更多知名 IP 合作，投资电影，规划线下游乐园……巨大的市场空白，提供了一条需要至少十年去经营的产业赛道。泡泡玛特的目标很清楚——借助商业的方式，让艺术去把这个世界变得更美好。

伴我同行

很多时候，成功的关键无关乎某个具体决策，而在于人。在创业故事上，

王宁的办公室

不乏可以共苦不能同甘的桥段，挨过了艰难时刻，却过不了核心团队理念上的分歧，最终分道扬镳。但泡泡玛特是个例外，这支队伍充满赤子热忱与人情味，从二〇一〇年成立至今，核心团队从来没有成员离开，全部是王宁在大学经营格子街时的同学和朋友。"最开始，没人愿意跟你去冒险，"王宁说，"只有你的朋友和家人愿意。"

泡泡玛特副总裁刘冉是从大学时代就跟着王宁一起打拼的伙伴，他们在大学社团时有偿为同学拍照、刻录光盘，卖过会亮灯的牛角发卡，在学校附近经营过创意杂货店，日后也参与了王宁的白手起家。在她看来，很多创业团队或者合作伙伴是因利而聚，利益发生冲突自然也就散了。但当初王宁在北京操持起泡泡玛特，只源自一个很单纯的想法——是不是可以把曾经一起奋斗的兄弟姐妹们再召集起来，还是我们这些人，再做一件事。

在商业上的长期摸索，让王宁认识到，一个团队最有力量的状态，是整支队伍处于同一种节奏时，就像大家一起抬桌子，一二三，喊到三的时候一起用力。二〇一七年，团队在决定要不要做机器人商店时，争议巨大。当时在大多数人的认知里，自动贩售机卖的是饮料、零食，很多人不能想象自动贩售机卖盲盒是种什么景象；但王宁亲自去厂家看了机器，他觉得这是符合泡泡玛特调性、有前景的事，拍板要做。讨论时各抒己见，确定决策后就全力以赴，没有人因为在会上投过反对票，而在执行的阶段拖后腿，指明方向后，哪怕暂时想不通，大家也会一起先朝着那个方向迈进。如今泡泡玛特拥有近千台机器人商店，分布在商业中心、电影院、地铁站等流量可观的场所，每台机器占地两平方米左右，存货价值约五万元，绝大多数机器每隔两天补一次货。这就是节奏的作用。刘冉说："就像《西游记》，取经不是孙悟空的梦想，也不是猪八戒的，只是唐僧一个人的梦想，但他就是有办法做到，把这变成团队的梦想。"

这个在短时间内取得巨大成绩的年轻团队，同样也是包容的。如今已是泡泡玛特COO的司德，是团队创业以来第一位外部引进的高管，他和王宁是在北大光华学院读MBA的同学，当时两人经常一起参加周末的足球赛。晚上一起喝酒撸串时，王宁常向他介绍泡泡玛特，也一起去转过几家实体店。虽然当时泡泡玛特的经营方向没有那么明确，但王宁其人让司德很有好感："有很大的抱负，又不显得浮躁，想法比较踏实。"即便店面没有王宁说的那么好，也不会觉得他在吹牛。"他对这件事充满热情，他真的相信一切都会更好。"当时司德在一家知名零售外企任职，泡泡玛特的邀约持续了半年之久，而且是以一种特殊的方式。王宁频繁约司德吃饭、喝咖啡，讲公司战略规划。有一次王宁约他吃烤串，推开包间门，司德看到了泡泡玛特管理团队的所有人，啤酒、烧烤、小龙虾，在那种环境下情感的建立水到渠成。"他在有意识地让我认识大家，那时，我觉得他的团队和他一样，真实、质朴。"司德回忆道，"但他又很狡猾，让我不知不觉地融入了公司。"

二〇一〇年，泡泡玛特刚创立时，团队去首尔团建，在仁寺洞遇到小雨，大家钻进了一个很小的茶叶铺，在二层落地窗旁的位子喝茶避雨。那时正是秋天，爬山虎爬满了整个街区，一半绿，一半黄。外面下着小雨，行人稀稀疏疏撑着漂亮的伞，耳边是朋友们的说笑声，不必留心听大家在说什么，但一切都显得很美好。这个瞬间让王宁意识到泡泡玛特要做一个有温度的品牌，承托每一个人的感情与心绪。如同眼下这一刻，正是对"生活的美好"的阐释。在一封给玩家的信里，他写道："玩具有可能是我找到的最能传递美好的生意，因为买玩具或者送玩具给别人都是一件开心的事。"▲

《梦中景》

末那的五只猴子

文 / 黄昕宇

　　提及国内手办① 模型行业，多数圈内人首先会想起成立于二〇一〇年的末那工作室。这是中国大陆第一家高端 GK 模型及雕像工作室，至今仍保持着高水准的原创设计能力和产品研发能力。但说到"推动行业"，末那主理人四季立刻摇起头来。"完全没有。一个行业怎么可能靠一两个工作室推动呢？"四季瞪大眼睛，仿佛对"行业"两个字过敏，"我们喜欢的东西永远是小众的，小众对行业没有任何帮助。太徒劳了。"他今年四十岁，戴着黑框眼镜，手腕上挂佛珠串，长卷发松松地束了个马尾，鬓边可见白发。

　　如今，末那的团队颇具规模，不仅为电影、游戏、动漫领域的各大头部 IP 做衍生品，还进军影视行业，在青岛成立了末那众合影视特效公司。他们开设了末匠美术馆；还将业务扩展到海外，拥有日本、北美分部。不过，十年前，末那的初创团队只有四个人，负责造型雕刻的原型师四季、冰山，涂装师大鹏和担任策划运营的醉人茶。

　　"末那"一名源于大乘佛教。在佛法中人的意识有八种，末那识是第七种，即"我执的根本"，也就是执着。末那团队早期作品的创作灵感往往源自东

---

① 手办：来源于日语词"首办"（ガレージキット），指未涂装树脂模件套件，即 GK（Garage Kit）。但因为误解，现在大众所理解的手办，指包括完成品在内的、所有树脂材质的人形作品（Figure）。

方传统叙事，四季也常提到"文化属性"这个词。他认为，正如哥特之于欧美，怪兽之于日本，神鬼妖魔是中国志怪传统中最具辨识度的文化元素，魑魅魍魉各有来历，极具想象力。他对一次和团队成员寻访山西青龙寺的经历印象最深：人迹罕至的荒村里，当地的老大爷推开一扇铁门，庙宇内墙上的神鬼壁画即刻冲入视野——鬼王蒸人肉包子、假面昆虫似的蚂蚱精。尽管年代久远、缺乏修缮，但画上的小妖恶鬼无一不惟妙惟肖，充满艺术性。

鬼神主题从来不是传统文化领域内的主流，在大众认知里，神神怪怪往往归于民俗，甚至封建迷信——除了孙悟空。冰山说："孙悟空就是中国的钢铁侠。"

从二○一○年到二○二○年，末那创作了近百只"猴子"，团队成长的每个阶段，几乎都有与猴子相关的代表作。以下五只猴子，便串联起了末那野蛮生长的十年。

第一只猴子在碧波潭

北京南城白纸坊，是市井气息浓厚的一片老城区。阳光明媚时，街上都是老街坊，遛鸟、练拳、晒太阳。一栋四层老楼里，一楼住着一对老头老太，小院里种满花花草草；二楼是个收破烂的老头，话多能侃；四楼则天天窝着一帮年轻人，从早到晚足不出户。

那是二○一○年末那工作室的第一个根据地。几个年轻人把阳台改造成露天涂装区，装上了抽风机。屋里不大亮堂，客厅的桌上、地上，堆满了做GK雕像的材料和工具；工作桌挤在两侧，每个座位亮一盏小台灯。他们还在这快没处下脚的地方划出了一间小会客室，作为展厅，陈列他们的作品。

在末那初创团队的四人中，四季和冰山是堂兄弟，他们从小就喜欢玩具，常用橡皮泥捏恐龙。千禧年初，二十多岁的他们接触到麦克法兰再生侠，为之震撼：玩具还能这样霸气，这样细节爆炸？于是他们开始收玩具，在各处的潮流精品店里淘，还把当时刚上线没几年的淘宝扒了个遍，林林总总加起来，花了不少钱。

而真正改变四季人生轨迹的，是一本杂志的半页纸。二〇〇七年，《Toys酷玩意》第三期的造型师特辑中，有半页介绍了竹谷隆之，并附上了他的几张作品图。竹谷的作品极具重量感，造型黑暗风格强烈，细节写实但整体不失想象力，称得上是造型艺术。竹谷的作品给四季带来了第二次颠覆性冲击。学美术的人，对设计和造型有着天然的兴趣，四季开始琢磨起GK的制作。当时国内没有任何经验可循，他和冰山买来市面上所有模型材料，一一尝试。

杂志的那半页介绍中，提到了竹谷隆之的作品集《渔师的角度》。四季从网上找到一张模糊的封面，托在日本的朋友去当地各个书店搜寻，但一直没有结果。后来，有个老朋友突然找到他，说有门路找到这本书。那时，距离四季看到那半页纸，已经过去了半年，他的寻找也已持续了半年。对方要价两千六百元，只这一本书。四季毫不犹豫地买下了。书后附着几页画质粗糙的创作过程图，四季好像捡到了宝，再加上从网络搜罗来的制作视频片段，半学半猜地上了手。二〇〇九年，四季在广告行业工作了十年，已经到了总监位置，他和做平面设计的冰山都辞了职，在家里做GK。

当年，全国的手办爱好者屈指可数，他们聚集在CG或美术论坛，四季、冰山就这样在网络上认识了醉人茶和大鹏。茶是个玩具大藏家，他们去茶家里做客时，那满屋子的藏品真叫人眼红。大鹏原本做手机游戏，整天就想着请假，把工资拿去买玩具，一年后被开除，倒也开心，干脆窝在家里做起玩具来。四季把自己做的原型"化生地藏"给大鹏做涂装，两人非常投契，在创作上也相当合拍。

二〇一〇年，赶巧四个人都没工作，一拍即合，创办了末那工作室。

《碧波潭》

那几年，他们没怎么想过运营或发展，只专注手上的东西，不断地构思作品、雕原型、翻成树脂白模、涂装上色……一个手办要雕上两三个月，再涂上两三个月。做到疯魔时，就呼朋唤友，上牛街吃涮肉、喝酒，唱歌。

创作过程中的感受是什么呢？四季说："做的时候就是痛苦，制造痛苦，制造焦虑，然后花两三个月，甚至大半年，去解决痛苦。"

"你百般琢磨，几经构思，设计出一个完美造型，脑子里有了美好预期，开始动手。搭骨架，附上泥，做大型，雕细节。做到一半，如果不满意，怎么办呢？雕塑不可逆，你真想把手里这玩意儿扔了。有不少真就扔了，还有些皱着眉头做完，烤制定型，结果又烤煳了。崩溃啊，想死的心都有了。"

打响末那招牌的第一个作品，是《碧波潭》。当时，影游漫作品中的孙悟空，往往是身着盛装华服的齐天大圣造型。只有大闹天宫的孙悟空才是孙悟空吗？四季对此不屑，他想创作一款不同的孙悟空。那时，他的艺术家朋友刘冬子，就爱猴儿，画了十多年。两人私下里常聊《西游记》，探讨每一个细节，聊到金箍棒时，他们都觉得，那就是根铁棍子，没什么花里胡哨的。冬子画的猴儿特狠，四季觉得，这才是孙悟空该有的样子，就像《西游记》第六十二、六十三回所写：碧波潭龙王的上门女婿九头虫，盗取了祭赛国金光寺佛宝。悟空师兄弟与他相斗，后来得二郎神和哮天犬助力，击败九头虫。

四季决定做一个孙悟空在碧波潭上恶斗九头虫的雕像。

他看了很多猴子的图片资料，观察毛发的分布走向，脸部皮肤的质感和爪子的形态。猴子斜蹬在金箍棒上，脚背应该呈现出有力的倾斜曲面。它一只手扶棒子，另一只悬空的手——四季伸手摆了又摆——应该是一个舒张的姿势。但这也不够准确，和人手不同，猴爪会有个内勾的动作。

四季向做海洋标本的朋友要来鲨鱼牙，粘在九头虫的嘴里。原著中，九头虫现出的原形是"毛羽铺锦，团身结絮"的九头鸟。四季雕刻时便特意在鳞片间留出缝隙，粘上羽毛，呈现出鳞羽交错的状态。

《碧波潭》的原型做了两个多月，四季日思夜想，梦里都在雕猴爪。原型交到大鹏手上后，涂装又是两个多月。大鹏先是花了好几天搜索素材，包括虎的眼睛、鱼的鳞片与淹死的人身上的尸斑。涂装是个层层上色覆盖的过程，他需要先在脑子里想象出最终的配色效果，再逆推步骤，上手喷涂。大鹏给九头虫的脑袋配了个青碧色，考虑到大虫已死，又画了一对浑浊的眼睛。

大半年时间过去，《碧波潭》完成了。金箍棒斜插水面，九头虫探出尸首，跃于棒上的孙悟空肌肉虬结，面露暴戾之气。

《斗战神》与《灵猴跃世》

初创时期，末那只在新浪博客上发布作品，用精心拍摄的照片呈现细节，辅以详细的介绍性文字。凭借"碧波潭"这类超高水准的作品，末那打响了名声。二〇一三年，腾讯游戏《斗战神》的概念设计师找到末那，希望合作推出一款大规格的场景模型，在游戏发布会上展出。

当时，末那已经做了三年的原创手办作品。自由创作有成就感，也带来痛苦，团队走到了一个关口——"不能一直这么又穷又酷下去吧，大伙儿都老大不小了。"《斗战神》像是一个天赐的出口，这个游戏以《西游记》和今何在的小说《悟空传》为蓝本，角色的原画设定是暗黑风格，与末那相当合拍。双方很快就达成了合作意愿。

经过一番商讨，他们打算还原游戏动画短片中的这个场景：灵猴脚踏蝎子精，与巨灵神和百眼魔君在天庭战舰船头对峙。发布会在即，这是个急活儿，不过，末那在过去三年里早已磨炼出纯熟的创作技法，再加上《斗战神》完整细致的 3D 设计图，他们只花了二十多天就完成了重要角色灵猴的制作。

《灵猴跃世》

游戏发布会上，这组场景模型引发了轰动。所有人都是第一次亲眼见到场景如此宏大而细节丰富的模型：立于船头的灵猴，满头白发，身披半甲，它压低头颅，表情桀骜又狰狞，仿佛下一秒就要大开杀戒。

游戏的影响力让末那的这款作品获得了前所未有的广泛关注。他们决定将其命名为《灵猴跃世》，投入量产。在此之前，末那从未做过如此规模的量产——一批货一千多个，几十万的投入。对于当时的末那而言，几乎等于押命。好在，灵猴大获成功，末那又陆续推出了《斗战神》其他角色的手办。《灵猴跃世》成功了，四季的感受却很复杂。原本小众的东西，经过长久的努力与沉淀，在商业上得到了回响。"怎么说呢？就像地下乐队终于上了电视。"

为了完成游戏手办订单，末那需要更多人手。然而，那几年国内大众对手办并不熟悉，合格的从业者更是寥寥。末那只好自己办培训班。现在工作室的原型主管苍海，就是在那时经由培训班加入团队的。

苍海毕业于雕塑系，二〇一三年毕业答辩时，交了一批精心制作的手办。不同于今天，许多艺术学院都开设了教授 3D 建模的课程，在过去手办并不被认可，苍海的老师都在笑，甚至觉得有辱雕塑系。"当时比较自大，觉得自己做得最好。"苍海说，"后来，有个哥们说北京有一做手办的，特别好。我就过来看看。"当时工作室还在白纸坊的末那乍一看不过是个"小破作坊"。房间很暗，每个人头顶一只环形灯，有一点神秘氛围；但末那的每个作品都极具魄力：四季制作的"老猿"，眼睛质地、布纹选择和底座比例都近乎完美，搭配和谐；冰山未完成的"青狮"，口腔内结构丰富，狮身上雄浑的毛让苍海窥见了作品背后精益求精的雕刻手法和巨大的工作量。他不禁为之折服。

一入职，苍海就承担起了《斗战神》中重要角色"牛魔"的制作任务。手办和雕塑有很大区别，雕塑讲究大型结构，而手办追求极致的细节。现在，他要把一颗牛头接到人的躯体上，这是在强调人体结构的雕塑专业课

程中不曾遇到过的，他必须打破惯性思维，学会运用想象力。在四季和冰山的指导与协助下，经过无数次修改后，牛魔终于出世。借助游戏的影响力，再加上手办系列已积攒下一批购买群体，《牛魔平天》的销售成绩相当不错。

再往后，末那还推出了萌宠系列：野性灵猴变成了一只大脑袋大眼睛的小猴王，脚踩一团棉花糖似的筋斗云。尽管不是末那一贯的风格，但它吸引了更多喜爱游戏的玩家。

二〇一六年初，末那官网的《重整河山待后生——末那合作〈斗战神〉系列衍生品的坚持》一文中写道，在一场大造"IP"的火热运动下，中国衍生品手办领域面对的，是"列强割据的'外患'和买卖盗版与粗劣山寨的'内忧'"。大部分人不看好国人能像 Sideshow、麦克法兰、万代、寿屋、海洋堂那些世界顶级玩具厂商一样，做出一流手办。末那的初期平淡而落寞，但依然固执且坚持，"用几年的时间追赶整个行业那不止五十年的差距……"

"斗战神"系列在国内开创了手办与游戏结合的商业模式。随后几年，末那联合许多游戏公司推出了更多的游戏手办，包括"阴阳师""剑侠情缘"与"英雄联盟"等系列。

迟到的大圣归来

末那不断发展壮大，中国的手办市场也渐渐打开。团队通过培训班吸收了越来越多苍海这种志同道合的年轻人。如今末那的涂装主管岩风也是通过培训班进入团队的。

岩风，一九九三年生，山西人。山西山多，有山必有庙，有庙必有佛。他从小看了太多佛像，喜欢美术，读大学时顺理成章地选了雕塑专业。学雕塑的出路不多，要么考研走纯艺道路，孤独清贫地探索艺术；要么找个不相干工作，大概率是回老家考个公务员，那种生活，不堪设想。岩风甚至想过，实在不行就回家拜个老师傅，学一门用稻草、棉絮和泥塑像的传统手艺，这辈子就在庙里修佛像得了。二〇一四年，岩风在北京漫控潮流博览会（Beijing Comic Convention）现场看到了末那的作品，颇受冲击，似乎看到了一条未来的出路。在网上了解了末那工作室后，他决定登门拜访。

当时，末那工作室已经搬到了百子湾苹果社区，一楼是间不大的门店，工作区在地下，好歹有了正经工作室的样子。岩风来的那天是周六，工作室没人，他在门口探头探脑，走来走去好半天，才等到一个来加班的大哥。他壮着胆子上前搭讪，两人倒也聊得投机。他这才了解到，手办不只有二次元主题，在欧美和日本，还有许多独树一帜的艺术家风格的作品。当然也有末那这种带东方气质的——对岩风来说，这太对路了。

毕业后，他在末那的培训班学习了原型制作和涂装，"岩风手挺快的，我安排一周的作业，他两三天弄完了，我说你别做那么快，让别的同学怎么办啊。"大鹏用一种开玩笑的语气表达了对他的认可。"不光是快，完成得还挺好。"最终他以涂装班第一名的成绩毕业，留在末那。其实，比起成绩，末那的元老们更看重岩风身上那股年轻人的冲劲。那时，大鹏已经接连涂了太多游戏活儿，喜欢的，不喜欢的，干着干着，人也疲了，刚入行的岩风则热情洋溢，天天在工作室东学西看，经常幽灵似的出现在老涂装师、原型师身后，默默盯着人干活儿，那画面虽然有点搞笑，但又仿佛给末那这支已经成立六年的队伍吹来一口新鲜气儿。

岩风接到的第一个任务就是重要项目——为电影《大圣归来》手办做涂装。

电影中，大圣的形象是长身鹤立，金箍棒横握身后，披风飞扬，身上的熔岩甲片片开裂。岩风先涂了一个实色版本，但负责监修的大鹏并不满意：虽然熔岩甲要呈现出金属质感，但整体的色调不能暗下去，要在小细节上下功夫。岩风反复去看电影的高潮片段，把影片里的形象还原到模型上，甚至连环境光打在大圣铠甲上的小特效都体现了出来。然而，效果也并不

《燃甲》

理想，反而因为工艺过于繁杂显得花里胡哨。

第二个版本，岩风在猴子的胸腔、眼睛和底座里装了 LED 灯，想实现自发光的效果。可是这样一来，不亮灯时，猴子就显得呆滞。

第三个版本是实色熔岩甲辅以 LED 灯自发光。大鹏提醒岩风，涂装自发光的模型一定要考虑好亮灯、不亮灯两种效果：第一，即便不亮灯也要足够帅；第二，灯一旦亮了，由于逆光和遮挡，上色部分可能变暗，因此，漆不能上得太厚；第三，打光后，突显笔痕，如果喷涂不均匀，模型就会显得糙。岩风做得很谨慎，边涂装边测试，随时插灯进去看效果，一点点调整。

最终效果令人满意。亮灯时，熔岩甲裂开的缝隙漏出红色亮光，与大红的披风相呼应，好像燃烧的炙热熔岩。这尊大圣被命名为"燃甲"。

《大圣归来》是二〇一五年上映的，当时上大学的岩风去电影院看了两三遍，觉得"非常燃"。他甚至自己用陶土做过大圣，那时，他还不会涂装，用丙烯颜料粗暴地上了色。没想到，刚进公司的第一个活儿就是给大圣做涂装，这让他有种美梦成真的感觉。不过，那时刚入行的他还不能理解"燃甲"背后的诸多无奈。

其实，早在电影上映的半年前，《大圣归来》的宣发团队就联系四季，希望合作推出周边，同时期还有四五家西游题材的动画电影找过来。但是，末那只能看到概念设计、原画和预告片，难以判断影片的质量。中国的电影周边开发尚未成熟，手办公司居于产业下游，手办制作周期长，成本高，却没有什么制度或体系可以保障手办创作者的利益。当时末那规模不大，没有资本给影片押注。理想状态下，如果能在电影启动宣传时就开始制作手办，就能赶上电影热映的时间节点。但《大圣归来》的手办在电影下映后才启动，导演又追求极致，要求完全还原电影原画设定，因此耗费了大量的时间。

等到《燃甲》二〇一七年在上海漫控潮流博览会（Shanghai Comic

Covention）上亮相时，距离《大圣归来》上映已经过去了两年。更多项目排上日程，四季决定，这款作品，不做量产了。《燃甲》带来的最大收益，也许是试炼了团队的新生力量，这也是末那继续往下走的动力。

一张东方概念的猴脸

二〇一九年夏天，正在筹拍《西游记真假美猴王》的导演韩延找到四季，邀请他设计孙悟空的脸。韩延说，这张猴脸是影片的核心，他已经找了不少国外的大牌公司和艺术家，结果做得很别扭，文化差异让沟通变得更为艰难——他觉得猴脸的面相有问题，对方问什么是面相；他说卧蚕太大了，紧接着又是"卧蚕是什么？"韩延对四季说："末那就是我的救命稻草，连你们都做不出来，我就抓瞎了。"

做一张东方概念的猴脸，这正是末那擅长的。工作室做了猴头雕像，一点点修改调整，一个月后，就完成了美猴王的面部定稿。

其实早在二〇一三年，末那就已经开始尝试电影概念设计，为乌尔善的《鬼吹灯之寻龙诀》还原了原著小说中千年古墓里稀奇古怪的生物。电影制作有一套分工明晰、环环相扣的流程，是一个更复杂的团队协作过程。除了设计，末那必须考虑到如何执行。通常来讲，要完成电影角色特殊装扮的设计，有两种途径：在前期上特效化妆，或是在后期用 CG 技术做特效补充。在实践中，四季发现，由于演员的面部结构各异，特效化妆呈现的效果经常有别于概念图；而采用 CG 特效时，由于概念图是二维的，在转化到三维的过程中，往往存在偏差，所见非所得。四季认为，概念设计必须有效渗透到电影的拍摄和制作过程中。

末那的做法是直接借助雕塑来完成角色的概念设计。剧组确定演员后，将演员的头部进行 3D 扫描，做一比二的雕像，让特效化妆的工作人员在雕像上试妆，以实体妆面确认设计效果。雕像同样可以为电影的后期制作服务：将概念设计落实为雕塑并确认效果后，用 3D 扫描将雕塑数字化，视效公司收到的不仅有最终的效果图，还有完整的 3D 文件。不过，说起来简单，执行却不易。电影制作有严格的时间表，执行起来是个硬茬儿。设计前期，几乎周周开创意会，每周都要完成一个体积庞大、细节繁复的雕像，还必须提供多个涂装版本供导演挑选。光是一个"墨麒麟"，末那就做了四个不同的版本，定稿之后，其他三个也便弃置了。

回想起那段经历，大鹏摇着头笑说："天天熬鹰似的，不过大家都干得挺起劲儿，因为这就在我们的兴趣点上。"可以说，末那团队凭借 GK 雕像制作能力，最大程度地减少了概念设计过程中的损耗。在执行繁复流程的过程中，也积累了参与影视制作的经验。

采访中乌尔善曾提到，中国电影发展到现阶段，应该出现足够宏大、能够代表东方文化的神话史诗类电影。这一追求正好契合末那长期以来所坚持的东方审美。他们可以为东方神话史诗电影提供美学支持，反过来，这类电影也成就了末那。

二〇一六年，末那接到邀约，为乌尔善电影《封神》里的大量妖鬼神魔做概念设计。四季带团队进组，首先花了几个月去调研，考察了许多博物馆，走遍山西境内的双林寺、永乐宫、玉皇庙，还专门请了老师，系统学习中国古代工艺美术史。无论是在湖南马王堆、湖北曾侯乙墓，还是山西的乡村野庙，四季看着古老的图纹形象，想到佛教用"天地人神鬼，蠃鳞毛羽昆"十个字囊括世间万象，他愈发确定鬼神文化是东方文明中最具表现力与辨识度的部分之一。最终，《封神》确定的美学方向，糅合了宋元时期的水墨风格和商周时期的青铜器元素。

十年前，四季被外国艺术家创作的 GK 雕像的强烈风格震撼，他想，为什么我们不能做带有中国审美的原创作品？于是他和朋友了成立了末那。现在，这种感觉又回来了。四季在影视项目中体会到了久违的兴奋感，末

《刹那寒林》

那在青岛成立了末那众合影视工作室,组建了专业的影视团队,在特效道具、特效化妆和特效拍摄等方面都有所建树。目前,末那团队正在筹备一部电影短片,其中一个角色"羽人"出自《山海经》:人面鸟身,居于大荒。像往常一样,末那为片中角色逐一制作了雕像,只不过这一次,所有美学细节都由末那决定。

末那第十年——心灭

现在的末那工作室位于东五环外的一个艺术区。从铁门进去,左手边的灰墙上有一块凹陷,像经历了巨兽的一拳重击,裂痕四溢,中央是红色的"末那"二字。末那就坐落在这栋占地五百多平方米的三层大厂房。

大鹏戴着八角帽,文身从袖口钻出,攀上手背。他叼着一根烟,一手捏着原模,一手握着喷笔,凑在排气机前喷涂。冰山体型高大,长发在脑后束成髻,他端坐在工作台后,摆弄手上的泥,静气凝神,像一座沉稳的山,大家都叫他"老大"。

他们两人负责产品开发,包括盯量产,要花大量时间跑南方工厂。末那作品的设计图仅修改往往就要几个月,原型制作、涂装、监修,又是几个月。样品送到工厂做量产时,甚至需要涂装师去给代工阿姨们做培训,以保证产品质量。"你永远料不到哪儿会出问题,"冰山语速很慢,用手捂住额头,顿了顿后说道,"哪儿都会出问题。"聊到一半,身型修长的茶快步走进来,茶负责对接游戏客户、厂商,处理销售方面的工作,来跟冰山确认生产流程。聊罢,冰山又长长地叹了口气。

末那主理人四季则被大家戏称为"四姐",负责统筹公司的各项工作。现在,他的大部分精力都放在了青岛的影视公司上。四季穿着修身的黑色毛衣,挽着袖子,手上捏着一只形象可爱的搪胶。四季说:"我得用赚钱的,养不赚钱的。"他坦言常会遭遇"午夜焦虑"——初心变了？把爱好干成了生意？我还能做吗？在一日日的繁忙里，他会抽一点时间重新上手雕刻，但又常常对新作品不满意，结果陷入新一轮的焦虑。原创手办的销量仍旧不乐观。十年前，市场不温不火时，碧波潭卖了一百多个，可现在玩具市场繁荣了，四季欣赏的艺术作品还是只能卖一百多个。他谈起去日本拜访偶像竹谷隆之的经历，竹谷问他："你们在中国做手办能生活下去吗？"四季回答："不能。"竹谷的夫人在一旁笑："他（指竹谷）也不能！还是要帮万代和海洋堂做产品开发。"竹谷又问四季："末那的朋友们靠什么维持生活呢？"四季说："中国没有像万代和海洋堂这样的玩具公司，我们主要靠为中国的游戏和电影制作模型，才坚持到今天。"

十年前，四季和伙伴们埋头做手办时，12寸可动人偶火了。随后，3D打印技术又驱动行业革新。接着是追求游戏化的视觉冲击，国内的玩具模仿起日韩游戏美学，冒出"新国风"。没过多久，盲盒又火了，潮玩席卷整个玩具圈。潮流一浪接着一浪，四季说："中国的玩具市场变化太快，很难摸到规律。你只能不断尝试，不断适应。"直到今天，末那依然在摸索。

如果在浪潮中失掉了初心，末那不会推出"鬼神志"。从二〇一九年夏天起，这一系列陆续登场，相当于末那对十年来创作和研究中国志怪传奇形象的总结性呈现。回看末那的早期作品，不难发现其中存留着模仿竹谷隆之的痕迹，而这十年走来，末那逐步剥离最初的借鉴和模仿，一直努力建立自己的美学体系。经过不断的积累与沉淀，末那终于有底气做一个系列作品，既呈现末那的审美，同时代表GK雕塑的一流水准。鬼神志的介绍里写着：定义东方美学新标准。

"我不讨厌潮玩，但讨厌一窝蜂，千篇一律。"四季说，"我们想让大家知道，还有些别的东西。哪怕不会被广泛接受，我们只要把想表达的表达出来，就可以了。懂的人自然懂。"

鬼神志系列里也有一只关于猴的作品，叫《心灭》。画这只猴的，是

《心灭》

刘冬子。十年前，末那与冬子合作的碧波潭本无对应的原画，是雕塑完成后再由冬子补上的。那时候，四季给猴子雕过文身，在虎皮裙上加了装饰，还让猴子脚下踩了个龙头。猴子龇牙咧嘴，动作张狂，当时四季觉得，这才叫帅。

现在，四季不再年轻了，他带领末那在手办模型的道路上走了十年，有很多失望，也有所坚持。他说："《心灭》里的情绪和我们现在的心境挺像。"这只孙悟空，虎皮裙上没有任何装饰，它站在一堆尸体上，梗着脖子，双眼直视观看者。

心灭说的是这段故事：孙悟空打死白骨精，被唐僧赶走。他回到花果山，只见乱石崩坡，花草焦枯，毫无昔日气象，原来他走了这么久，老巢被二郎神放火烧山，又遭猎户洗劫。他跟着唐僧，不过打杀几个妖怪就被驱逐，自己的猴子猴孙却成日被人猎杀。一怒之下，他把猎户屠杀殆尽。

"孙悟空杀完人，怒火未消，满手鲜血，拎着铁棒，然后他抬头看天，"四季说，"它怒而不服。"▲

图书在版编目（CIP）数据

玩潮：快乐即正义/造梦九局主编.—— 上海：文
汇出版社,2021.2
ISBN 978-7-5496-3369-2

Ⅰ.①玩… Ⅱ.①造… Ⅲ.①玩具-文化研究 Ⅳ.
① TS958

中国版本图书馆 CIP 数据核字 (2020) 第 250221 号

玩潮：快乐即正义

编　　者/	造梦九局
责任编辑/	苏　菲
特邀编辑/	李昕芮　王　依
营销编辑/	辛　颖　杜珈琦
装帧设计/	韩　笑
内文插画/	画言所
特邀摄影/	李　毅
出　　版/	**文匯**出版社
	上海市威海路 755 号
	（邮政编码 200041）
发　　行/	新经典发行有限公司
电　　话/	010-68423599　邮　　箱 / editor@readinglife.com
印刷装订/	天津图文方嘉印刷有限公司
版　　次/	2021 年 2 月第 1 版
印　　次/	2021 年 2 月第 1 次印刷
开　　本/	710×1000　1/16
字　　数/	181 千
印　　张/	14

ISBN　978-7-5496-3369-2
定　　价/　69.00 元

敬启读者，如发现本书有印装质量问题，请与发行方联系。

书中部分图片由以下收藏者、艺术家以及玩具品牌提供，感谢您对本书的贡献。

Nick：P55
擦主席：P56、P61、P64、P65
舵主：P153
李三本：P45
唐云路：P18-19、P32-33
甜欣：P23、P26、P185
王惊奇：P30
祉愉：P4、P96、P100、P108、P127

Crazysmiles Co. Ltd：P104、P105、P114、P115、P122
Enterbay：P10（乔丹）
How2work：P7（失眠夜娃娃）、P8[花园（掌上）人]、P134、P135
POP MART：P40、P41、P157、P162、P163、P166、P171、P172、
P174、P188、前环衬、内封
复调：P10（抽烟兔）
末匠：P10（茧）、P11（Molly 蒸汽朋克鳄鱼装＆兔子装、月球兔子）、
P196、P200、P201、P204、P205、P210、P211、P218、P219